噪声地图计算技术

李 楠 著

北 京

冶 金 工 业 出 版 社

2021

内 容 提 要

噪声地图是将噪声源数据、地理数据、建筑分布状况和交通数据等信息综合、分析和计算后生成的反映城市噪声水平状况的数据地图，是环境噪声防治技术的重要组成部分，集城市环境噪声预报、评价、管理和规划于一体。本书不但完整讨论了噪声地图的工程实施过程，而且聚焦于噪声地图计算平台的实现，重点探讨了理论模型和经验模型如何计算机化的问题，具体涵盖了噪声传播模型如何实现、工业噪声源的仿真、面向反演和更新的计算、高性能计算和优化计算等实施难点，立足于推动我国独立自主的噪声地图计算软件研发。

本书可作为相关专业本科生、研究生的教学用书，也可供从事环境噪声、计算声学、工业软件研发等工作的科研人员和工程技术人员参考。

图书在版编目（CIP）数据

噪声地图计算技术/李楠著 . —北京：冶金工业出版社，
2021. 8

ISBN 978-7-5024-8865-9

Ⅰ . ①噪… Ⅱ . ①李… Ⅲ . ①噪声源—计算 Ⅳ . ①TB533

中国版本图书馆 CIP 数据核字（2021）第 142638 号

出 版 人 苏长永
地 址 北京市东城区嵩祝院北巷 39 号 邮编 100009 电话 （010）64027926
网 址 www.cnmip.com.cn 电子信箱 yjcbs@cnmip.com.cn
责任编辑 郭冬艳 美术编辑 吕欣童 版式设计 郑小利
责任校对 石 静 责任印制 禹 蕊
ISBN 978-7-5024-8865-9
冶金工业出版社出版发行；各地新华书店经销；北京建宏印刷有限公司印刷
2021 年 8 月第 1 版，2021 年 8 月第 1 次印刷
710mm×1000mm 1/16；11.75 印张；228 千字；177 页
66.00 元

冶金工业出版社 投稿电话 （010）64027932 投稿信箱 tougao@cnmip.com.cn
冶金工业出版社营销中心 电话 （010）64044283 传真 （010）64027893
冶金工业出版社天猫旗舰店 yjgycbs.tmall.com
（本书如有印装质量问题，本社营销中心负责退换）

前　言

　　环境噪声在生活中无处不在。每个人在选择居住地点时都会考虑房屋是否临街、是否靠近铁路和机场，房屋的楼层够不够高，归根结底，这都是对"安静"生活的需求。同时，人们也常常会低估噪声污染的危害，似乎空气污染、水污染会直接影响身体健康，而噪声污染只会影响人的心理或在短期内对人的睡眠、学习造成影响。实际上长时间过量噪声引起的危害远比我们想象的要严重得多，会直接或间接诱发产生包括老年耳聋、心血管等一系列疾病，对长期生活品质和幸福感的影响更为巨大。

　　当然，生活中也并非越安静越好。优美的音乐、悦耳的鸟鸣，都能让我们获得足够的幸福感，绝对安静的环境反而会让我们产生不适甚至恐惧。随着"声景观"概念的提出，人们逐渐意识到声环境和谐的重要性。我们需要从整体上考虑人们对于声音的感受，研究声环境如何使人放松、愉悦。我们的城市应该通过针对性的规划与设计，营造使人们心理感受更为舒适的声音生态。

　　实际上，无论是传统的噪声控制还是新兴的声景观设计，都存在一个根本性的需求，即要直观、精确地了解我们周围到底有多大噪声，这些噪声如何分布以及这些噪声的源头在哪里。这就需要一个有效的宏观的研究工具来帮助我们了解城市里的噪声分布。这个工具不仅对公众百姓很重要，对城市规划决策者也十分关键。噪声地图就是在这样的背景下产生的。

　　噪声地图是利用声学仿真模拟软件绘制，并通过噪声实际测量数据检验校正，最终生成的地理平面和建筑立面上的噪声值分布图，是一种直观反映城市噪声水平的数据地图。噪声地图以环境声学为理论基础，充分结合地理信息系统、建模与仿真、数据采集分析、高性能科学计算、软件工程等学科，是典型的多学科融合技术。本书针对噪声地图声场计算这一噪声地图绘制关键环节展开论述，共分 7 章，内容安排如下：

第 1 章介绍了噪声地图的主要概念、基本用途和应用情况。第 2 章介绍了噪声地图计算的主要技术体系，给出了技术框架及内部技术关联关系，介绍了目前主要的噪声地图预测模型。第 3 章从多源数据融合、基于声线法的传播模型、声源离散与等效、计算误差的反演修正、噪声地图更新等层面展开，详细介绍了噪声传播计算这一关键技术方法。第 4 章针对工业噪声传播计算的复杂性，以电力设施的声环境仿真为代表，以点带面论述了工业噪声源的声传播处理方法，给出了相关的研究参考和应用范式。第 5 章主要聚焦于先进计算技术如何应用于噪声地图计算过程中，在保证计算精度的情况下有效提升计算效率。对数据简化、分布式并行计算和异构计算等相关方法进行了集中论述。第 6 章从预测模型可信度分析、预测软件的准确度评估、多源异构数据耦合导致的不确定性、修正更新计算的可信度、可信度分析平台等角度，对噪声地图计算过程的验证与确认理论进行了介绍。验证与确认是保证噪声地图计算过程和计算结果可信度的重要环节，是拓宽噪声地图应用场景的重要活动。第 7 章主要介绍了噪声地图计算平台技术，从软件工程和系统工程角度给出了先进噪声地图计算平台的参考架构，重点论述了声学对象建模和数据导入、计算结果可视化、平台扩展性等方面。

需要指出的是，本书是针对噪声地图计算方法的著作，书中提到的计算技术均为通用技术，使用的包括地理信息数据、噪声测量值等各种数据均为了验证和说明本书论述的理论、方法和技术，其中包括了很多经过预处理的数据和仿真实验数据，与真实的噪声地图项目和城市环境并无直接关联，并不特指某一区域或某一地点，且不包含任何有效的噪声地图计算结果。

　　由于本书属于交叉学科研究，涉及的内容得到以下项目的资助：云环境下基于机器视觉的多 AGV 协同运输理论与方法研究（北京市自然科学基金，L191009），智能创新方法工具研发（国家科技计划项目申报中心技术创新引导计划，2018IM020200），基于教育文本和图像的三维虚拟学习场景生成方法研究（国家自然科学基金，61877002），面向食品安全的跨媒体语义分析与推理研究（北京市自然科学基金，KZ202110011017），换流站内基于频谱的噪声反演方法和多源噪声分离技术研究，在此表示感谢。另外在作者从事相关领域十余年的研究过程中，几乎所有的灵感与智慧都是在与同事、同行和学生的交流碰撞中产生的，人数众多不能一一列举，在此一并表示衷心的谢意。

　　噪声地图技术依然在不断发展和完善，由于作者水平所限，书中不妥之处，诚请读者批评指正。

作　者
2021 年 4 月

目　录

1 绪 论

<<<<<<<<<<<<<<<<<<<<<<<<<<<<<<<<<<<<<<<<<<<<<<<<<<<<<<<<<<<<<<<<<<<<<

1.1 噪声地图及其作用

噪声污染是随着现代社会发展新出现的一种物理污染形式。特别是随着近代工业和交通运输业的发展，噪声污染日益严重，已经成为当代重要公害之一。例如北京、上海、纽约、伦敦、东京等国际化大都市，常年受到噪声污染困扰，很多年份其关于噪声污染的投诉数量甚至会占据环境投诉数量的首位，整体占比超过40%。以2021年1月北京的数据为例，北京市生态环境局共受理生态环境投诉举报事项1万余件，其中噪声污染投诉占比达到66%，超过了大气污染、水污染、固废污染、辐射及其他污染数量的总和。

普通民众常常低估噪声污染对人类身体健康的危害，认为噪声污染只是在短期内对人的睡眠、学习等造成影响。然而大量的科学事实表明，长时间的超量噪声暴露对人体健康的影响十分明显。在城市环境中，老年耳聋的发病率与环境噪声有直接关系。另外，噪声对心血管的影响也是明显的，它会作用于交感神经，使交感神经紧张，进而出现心跳加速、心律不齐、血管痉挛、血压增高等症状。此外还有一些较为初步的研究指出，长期的噪声暴露还可能会影响神经系统和青少年智力发育。

城市环境噪声的有效控制需要政策、制度、标准、理论、技术、实施等多个层面的长时间协作才能实现，其中的一个关键就是管理人员和科研人员要随时掌握城市大范围的噪声分布情况，甚至有时要能够预测未来的可能噪声分布情况，这就促使了噪声地图技术的出现。

噪声地图是利用声学仿真模拟软件绘制，并通过噪声实际测量数据检验校正，最终生成的地理平面和建筑立面上的噪声值分布图，通常以不同颜色的噪声等高线、网格和色带来表示，是一种直观反映城市噪声水平的数据地图。图1-1给出了一个带建筑物立面噪声数据的三维环境噪声场仿真数据实例。从这个实例可以看出，噪声场仿真数据结合地理信息系统给出的地理数据是建立噪声地图的基本素材。

噪声地图以其直观、便捷、高效的特性，成为城市噪声管理的有力工具。绘制城市噪声地图，一是可摸清现状，了解城市区域、社区、高层建筑物等不同尺度空间的声环境状况及人口暴露情况；二是可根据城市总体规划和噪声管理规划

图 1-1　三维噪声地图

预测噪声演变趋势；三是可为噪声控制措施、监测布点、管理规划、城市总体规划、交通规划的制定和评估提供科学依据；四是可为各部门协同进行噪声监管提供信息化平台和技术支撑；五是可定性识别和定量分析主要声源及其影响，为处理投诉提供数据支撑；六是可为城市噪声监管的信息公开和环评公众参与提供数据和技术支撑。

　　近年来，我国噪声投诉居高不下，现行以点带面声环境质量评价方法难以全面反映噪声污染程度及噪声污染暴露人口情况，一定程度上成为掣肘改善声环境质量工作不可忽略的因素。绘制高质量噪声地图，能有效摸清噪声源及污染状况，并在此基础上制定合理可行的噪声管理目标和规划，采取针对性噪声管理政策和措施，有效改善声环境质量。

　　噪声地图的绘制是一个庞大的系统工程，其中蕴含的仿真计算技术是绘制高质量噪声地图的关键，也是本书探讨的核心问题。

1.2　噪声地图应用现状

　　噪声地图是提升环境噪声监管系统化、科学化、法治化、精细化和信息化水平的有力工具。2010 年环境保护部等 11 部门联合发布的《关于加强环境噪声污染防治工作改善城乡声环境质量的指导意见》（环发〔2010〕144 号）提出了"重点城市应试点开展噪声地图的绘制工作，指导本地噪声污染防治工作"的要求。截至目前，各地噪声地图绘制及应用工作正在有条不紊的开展。

　　以美国、日本、欧洲等为代表的国家或地区对噪声地图相关技术的研究开展较早，特别是欧盟，从数据积累、监测网络、软件研发、实施经验等不同角度看，其都代表了目前最先进的水平。我国在噪声地图实践过程中，既需要借鉴国外先进的技术成果和模式，同时也要根据我国的城市规划现状特点和管理模式的本土化需求进行自主创新。

1.2.1 中国噪声地图绘制与应用

中国香港于 2002 年和 2010 年分别绘制了覆盖城区的二维和三维交通噪声地图，且能保持持续性更新，属于绘制起步较早的城市。通过对噪声地图的应用，中国香港积累了大量实施经验，非常值得其他城市借鉴。

相比中国香港而言，中国其他城市噪声地图绘制工作启动较晚，大部分重点城市目前未完成较为完整的绘制结果。2009 年，北京开展了 12.7km² 示范区域的噪声地图绘制，进行了技术攻关和示范。此后，上海、深圳等 10 余个城市开展了不同规模的噪声地图绘制。其中，上海、深圳、北京、杭州、广州开展了大区域的绘制，而苏州等 7 个城市开展了 2～15km² 的小区域示范区绘制研究，如图 1-2 所示。

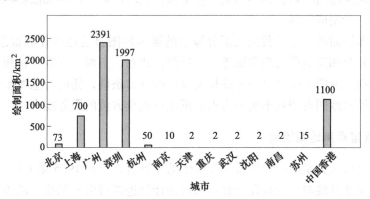

图 1-2　我国部分城市噪声地图绘制概况（2010～2016 年）

从应用的角度来看，目前仍属中国香港噪声地图的效果较好，具体体现在三个方面：首先是利用噪声地图，很好地做到了辅助制定噪声控制政策和规划；其次是将噪声地图应用于城市基础设置和建筑建设项目的噪声适宜性分析；最后是通过公开发布噪声地图，为广大民众提供科普教育工具和素材，并同时保证了公众的知情权，间接地提升了噪声控制政策和措施的公众满意度。

从宏观和整体层面来看，目前我国噪声地图绘制和应用若想取得明显进步，还需要解决下面几方面问题：

（1）进一步完善噪声地图应用的政策性支持，推进噪声地图应用。如果缺乏足够的政策支持，噪声地图的应用将局限在环保系统内非常态化的小规模使用，难以开展面向公众和其他部门的服务。

（2）进一步完善绘制规划的相关法规性要求，推动噪声地图常态更新。由于缺少对噪声地图连续绘制或更新的法规性要求，噪声地图绘制与更新工作开展不够迅速，这可能会导致数据陈旧，与我国日益加快的城市化进程不相匹配。

（3）缺少适用的噪声地图绘制技术规范，导致可比性不佳。绘制所需车流量等基础数据格式和精度、模型参数设置、噪声地图发布格式和精度等方面缺少统一的技术要求，导致各城市间的噪声地图可比性不好，较难对噪声地图的绘制精度和效果做出权威判断。

（4）缺少符合我国城市特色的噪声预测模型，导致预测的准确度还有欠缺。绘制中普遍采用国外噪声预测模型或类似模型，使用国外软件。其适用范围的局限性，导致预测结果的准确性难以保证，在计算过程中也存在大量的不确定性和模糊地带。

（5）缺少基础数据的共享机制，导致噪声地图绘制成本高。噪声地图绘制需要多部门提供各类基础数据，如车流量信息、交通道路信息、城市建筑物信息等，由于缺少部门间数据共享机制，基础数据获取困难，甚至无法获取，因此绘制进度慢，绘制成本高。

从技术层面看，虽然我国大部分城市的噪声地图目前还未开展常态化应用，未向社会公众和其他部门提供服务。但目前，北京、上海、深圳、杭州、广州等地建设的噪声地图系统已具备开展相关应用的技术条件，凭借智慧城市建设步伐的加速，噪声地图有望在不久的将来真正能形成全方位的服务能力。

1.2.2　欧盟噪声地图绘制

欧盟可以认为是噪声地图技术和应用的先行者。早在 1996 年 1 月，《关于欧盟共同体实施环境与可持续发展政策和行动计划进展报告》指出，欧盟缺乏各类噪声源、噪声暴露数据，缺乏可对比、可量化的评估方法。1996 年 11 月《未来噪声政策》指出欧盟要采取新的噪声政策，提高数据标准化和准确度。2002 年 6 月，欧盟发布《环境噪声评估和管理指令 E2002/49/EC》，将噪声地图作为了解噪声污染程度和采取措施的主要工具，要求各成员国采取通用的方法绘制噪声地图，制定噪声削减行动计划，噪声地图和行动计划每 5 年更新一次，并向公众公开。

欧洲环境署负责制定噪声地图实施细则，成立专门的噪声地图工作组，指导并督导各成员国的绘制工作，制定报告机制，收集各国噪声地图和噪声行动计划，建立噪声地图数据库，并向公众发布，审查声环境质量状况，总结实施情况，制定中长期目标，统筹开展相关研究工作。

为保证各成员国噪声地图的一致性和可比性，2015 年欧洲环境署发布 CNOSSOS-EU 通用噪声预测模型，并组织制定 ISO/TS 11819-2：2017 等多项相关技术标准，以消除模型差异对噪声地图的影响。此外，欧洲环境署还建设了统一的环境噪声信息平台，统一管理各国噪声地图和噪声削减行动计划，并向公众发布。

欧盟采用分期分批的方法开展绘制工作。第一轮绘制作为开端，各国于2005年6月向欧盟报告首轮覆盖的公路、铁路、机场和城市区域相关信息，2005年7月确定噪声地图绘制和噪声削减行动计划的负责机构，2007年6月完成首轮绘制，2008年完成首轮噪声削减行动计划。

第二轮绘制进行深化。欧盟各成员国于2008年12月确定第二轮覆盖的公路、铁路、机场和城市区域相关信息，2010年对首轮绘制工作进行总结，并启动第二轮绘制，2012年6月完成第二轮绘制，2014年制定第二轮噪声削减行动计划。目前，欧盟国家正在以每5年一个周期持续更新噪声地图。最新的噪声情况报告更新时间为2019年。

欧盟噪声地图覆盖范围的情况比较复杂，首轮噪声地图覆盖人口25万人以上的城市区域、年起降架次5万次以上的机场、年车流量600万辆以上的公路、年车次6万次以上的铁路。第二轮及后续轮次覆盖范围相应扩大：人口10万人以上的城市区域、年车流量300万辆以上的公路、年车次3万次以上的铁路，机场要求不变。

1.2.3 欧盟噪声地图应用

欧盟噪声地图的阶段性实践结果可以成为我国及其他国家噪声地图实施的重要借鉴。目前来看，其主要成果包括下面几点：

（1）摸清环境噪声现状和主要噪声源。欧洲环境署利用噪声地图估算，约1.25亿人受到55dB以上道路噪声干扰，800万人受到55dB以上铁路噪声干扰，300万人暴露于过高的飞机噪声，30万人暴露于过高的工业噪声。欧洲环境署还明确指出道路交通噪声为首要噪声源。

（2）利用噪声地图制定噪声削减行动计划。基于噪声地图，各成员国制定噪声削减行动计划，确定管理机构、噪声源削减、暴露人口数削减、超标分析、公众建议、降噪措施、近期和长期策略、交通规划、土地利用规划、激励措施等。

（3）面向公众发布，实现公众知情权。欧洲环境署建立噪声地图信息汇总平台，提供102个大型城市的公路、铁路、机场和城市区域噪声地图。所有民众均可登录浏览和查询噪声地图相关的详细信息。

（4）成功划定安静区域。欧盟中13个成员国依据噪声地图综合考量，划定了安静区域，并采取政策保护安静区域，维持良好的声环境质量。

（5）为噪声立法提供数据支撑。基于噪声地图，欧盟先后发布多项政策法规，第540号《机动车噪声级》、第1304号《机动车子系统噪声技术规范》等均顺利出台。

(6) 利用噪声地图开展健康影响评估。欧洲环境署发布《欧洲噪声 2014》报告的评估结果指出，共约 1980 万人受到噪声干扰（55dB 以上），其中约 910 万人受到严重干扰，790 万人因噪声出现睡眠障碍，370 万人出现严重睡眠障碍。该评估结果也反映了环境噪声防控的严峻形势。

欧盟经验在噪声地图绘制和应用两个方面给我们很多重要的启示。关于噪声地图绘制，首先需要制定分批、分期的噪声地图绘制规划并确定管理部门。其次是建立类似欧盟设立的技术支持机构对各地绘制过程进行指导和协调。此外需要建立信息平台来收集、发布各地噪声地图，并制定较为详尽的隐私保障措施。最后还需要制定更详尽的噪声预测模型和相关技术规范，以保证不同区域噪声地图的可比性。

噪声地图可以高效直接的在以下几个方面产生应用价值：首先是全面反映区域声环境质量、超标人口等情况；其次是用于识别噪声热点问题，有针对性地制定噪声控制方案；最后还可用于公众参与和部门协作信息平台，为政策标准等制定提供数据支撑。

1.3　本章小结

环境噪声污染属于一种"富贵病"，即交通和工业越发达，人口越密集，绘制噪声地图的需求也越大。一般最具备绘制噪声地图价值的区域主要包括大中型城市、交通路网周边、工业聚集区等。其中，以公路、铁路和机场为代表的交通噪声又是噪声地图中的主要研究对象，对民众生活影响也越大。欧洲能够走在噪声地图技术和实施的前列有其具体原因，一是欧洲整体工业和交通水平比较发达；二是欧洲城市化水平高，城市历史悠久，以西班牙首都马德里为例，在 20 世纪，就已经积累了近 30 年的噪声监测数据，这一方面说明当地政府的环保意识比较强，另一方面也说明当地人民"苦噪声问题久矣"。

另外需要指出的是，每个国家、每个城市绘制噪声地图的过程都有其独特性，这和城市布局、城市特点、工业化水平、民众生活习惯等都息息相关。因此，绘制和实施经验不能照搬，只能借鉴。不过，无论城市之间的差异性有多大，噪声地图绘制基础技术是统一的，是可以复用的，不断加强夯实技术储备才是应对我国未来不断发展的城市规模、不断提升的环保意识的重要保障。

2 计算模型与技术体系

2.1 噪声地图计算技术概述

噪声地图以环境声学为理论基础，充分结合地理信息系统、建模与仿真、数据采集分析、高性能计算、软件工程等学科，是典型的多学科融合技术。其关键技术包括噪声预测模型、误差校正、效率优化和软件架构等。虽然噪声地图计算属于科学计算范畴，但与计算机辅助工程、数值天气预报、生物医药计算等领域相比，其又有独特之处。噪声地图最主要的特点是其涵盖的学科类别和数据范围非常广泛，项目实施周期和过程也较为漫长，属于复杂的系统工程。

2.1.1 关键技术

图 2-1 所示为噪声地图绘制技术体系，该体系主要分为基础技术、实现技术

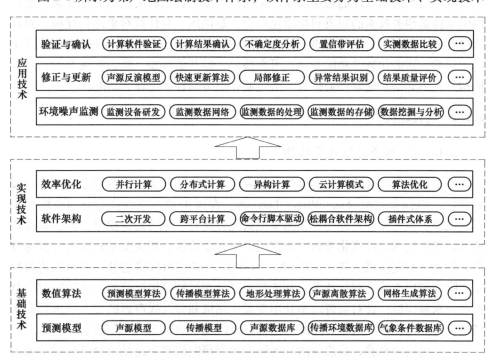

图 2-1 噪声地图绘制技术体系

和应用技术三个层次。其中，噪声预测模型既是噪声地图计算正确的技术保障，也是噪声地图预测仿真的技术核心，更是保障噪声地图绘制质量的技术基础。一般预测模型包括声源模型和传播模型两部分，声源模型通常定义声源的种类、性质和描述方法；传播模型通常描述噪声从噪声源位置传播至噪声敏感目标过程中建筑物遮挡等各类衰减。

预测误差校正是衡量噪声地图计算准确性的技术手段。噪声地图的本质是噪声预测，预测即无法避免误差，需通过快速修正进行结果校正。误差通常归结为四类：一是时效性导致的误差，如车流量信息发生变化；二是预测模型准确性导致的误差，如只考虑一次反射；三是声源信息准确性导致的误差，如车流量为等效值；四是传递路径准确性导致的误差，如地形近似处理。预测结果通常基于监测数据进行准确性修正，如根据监测数据优化输入参数、反演声源特性、相似特征道路聚类处理等进行局部噪声地图快速更新。

计算效率优化是解决噪声地图计算效率的关键技术方法。噪声地图结果精确性与计算速度通常不可兼得，应在保证一定精度前提下进行效率优化，不断提高计算速度。计算效率优化主要手段有输入参数预处理、预测模型针对性快速求解简化、软件执行效率优化、并行计算等，其中并行计算可通过单机多核、多机多核、分布式计算、跨平台异构协同计算等技术实现。

噪声地图绘制软件的易用可靠，是噪声地图项目顺利实施的关键要素。噪声地图软件是相关技术的集成和功能化实现，是供用户对计算对象进行建模、对计算过程进行控制、对计算结果进行查看、对计算结论进行分析的一体化计算平台。目前，商业化软件功能齐全、可靠稳定，但开放性差、难以扩展开发；科研机构开发的非商业化软件易扩展、可定制，但可靠性难保证、功能较单一。

2.1.2　研究现状

2.1.2.1　噪声地图计算软件

欧美国家对噪声地图的实施技术研究起步较早，形成了不少商业化声环境规划软件，如 Cadna/A、SoundPlan、Lima 等，在噪声地图绘制技术方面也取得了不少成果。我国虽在户外噪声预测模型研究方面有一定的理论积累，但在城市环境噪声场的生成及可视化方面的研究还处于起步阶段。相关文献研究内容较为分散，如基于地理信息系统（GIS）探讨了噪声场的三角网格划分、噪声等值线绘制和噪声带填充等可视化技术；基于预测计算探讨针对地形绕射和屏障绕射的基本声线求解模型；针对求解效率利用变尺度网格划分及线声源的点等效来提高声场仿真计算速度等。这些研究基本上都属于环境噪声预测的单点技术。

从应用层面来看，目前我国开展噪声地图研究的势头还是十分良好的，城市交通噪声预测作为噪声地图绘制的主要支撑技术，在我国也有比较丰富的理论研究和实践积累。早在 20 世纪 90 年代我国科研人员就已经开始针对交通噪声预测模型进行研究，并早早提出了基于神经网络的先进智能预测方法，探索了临街建筑交通噪声的计算机模拟方法等内容。初期阶段的国内研究一般基于国外噪声地图预测模型，针对我国城市交通特点进行改进或简化。如最早主要针对美国FHWA 模型进行修正，得到了针对我国城市交通特点的预测模型，另外还出现了最早基于 GIS 的交通噪声预测与规划系统。类似于回归分析等方法也广泛地被运用到噪声地图应用实践中。

近几年，在噪声地图软件研发方面，国内也有了初步的成果，如中山大学研发的"中大声图"系统，北京市劳动保护科学研究所与北京工商大学联合研发的"燕声"系统等。

环境噪声声场建立具有如下特点：

（1）范围大：往往覆盖上百平方公里甚至更大范围，其声场包括大量数据。

（2）难测量：小范围声场可视化主要利用测量值构建。而在噪声地图中，极难取得大范围高密度的测量值，因此一般基于仿真预测模型建立声场。

（3）源复杂：城市噪声主要包括公路铁路等交通声源和工厂、娱乐场所等固定声源。这些声源尺度大，难以用单一的点声源来等效，需要寻找合适的离散化方法。

（4）多模式：不同国家和地区的城市建设规划模式和噪声污染的评价方式可能都不同，难以凭借单一模式求解。

目前声传播仿真计算主要包括以声线追踪和虚声源为代表的几何声学方法以及以有限元（FEM）、边界元（BEM）、时域有限差分（FDTD）、数字波导网格（DWM）等为代表的波动声学方法。

声线追踪算法以携带能量的声粒子射线来等效声波传播过程。通过追踪按几何声学规律传播的声线，按统计学方法计算出接收点区域的能量值。声线方法的主要优势是计算速度快，但难以解决干涉、衍射等波动性问题，并在低频带有较大误差。虚声源法是根据几何声学原理来处理声波反射，将声源相对于反射面形成的镜像作为虚声源来进行计算的方法。其同样由于无法解决衍射、散射等问题，较难对低频带进行处理。

相对于几何声学而言，波动声学方法求解精度很高但求解速度慢，并且随着求解频带的提高而计算负担激增，更适合于小范围区域的求解，如室内声场仿真。也有学者尝试将波动声学方法运用到环境噪声的仿真中，如运用边界元方法对桥梁附近区域的低频交通噪声声场进行仿真分析以及利用时域有限差分方法在小范围的半地下环境中实现交通噪声仿真运用等。

由于波动声学方法求解困难且速度较慢，加之大范围环境噪声仿真的用途主要在于判断声场分布的宏观趋势，对精确度要求不高，因此一般环境噪声仿真中均采用几何声学方法，同时可利用绕射声线近似等效声传播中的波动特性，并结合声线追踪与虚声源法简化反射声线的求解过程。

2.1.2.2 噪声地图修正更新技术

目前来看，噪声地图的绘制技术已由传统的二维噪声地图逐渐转变为具备宏观统计特性的三维噪声地图，其面对的一个主要问题就是宏观预测误差。由于噪声地图往往覆盖大面积区域，较难保证涉及的环境信息、地理信息和相关的交通或非交通声源信息的准确和全面，可能会产生较严重的区域性甚至整体性的预测误差。另外，噪声地图绘制的周期很长，可能花费数月甚至一年的时间，因此噪声地图的实效性难以保证，与实时噪声分布状况难免出现差别。

噪声地图中的预测数据与监测点的实测数据可能有比较大的误差，误差主要有 3 个来源：

（1）预测模型的准确性。不同的国家针对交通噪声预测一般都有不同的模型。因此不同国家、不同地区的环境状况、交通状况及城市规划模式都有所不同，所以难以找到一个放之四海而皆准的预测模型。因此不考虑地区特征而运用统一的预测模型往往会产生较大的偏差。

（2）声源信息的准确性。交通噪声地图绘制涉及的声源参数非常复杂，主要包括道路状况、车流量、车速、车型比例及每种车型的参考噪声级等。在噪声地图绘制时，上述参数的输入值一般来自于以往长时间实测数据的平均或等效，与噪声监测点测量上述参数的真实值往往有比较大的偏差。这种偏差也是最后预测误差产生的一个重要原因。

（3）传播模型和传播路径的准确性。在大规模噪声地图求解中，声源与接收点之间的声传播环境十分复杂，而具体计算过程中关于声传播环境的输入信息一般来自于 GIS 统计数据，可能出现信息滞后甚至信息错误的状况，这会导致预测值和监测值之间较大的误差。另外采用的传播计算模型合理、细致、与计算区域实际的环境状况相匹配等情况，都有可能产生噪声传播过程的计算误差。

由上述分析可知，误差来源（1）与误差来源（2）（3）具有耦合性。因为预测模型的预测过程本身就包括了声源信息和声传播环境信息两类参数。针对预测模型的修正很可能也涵盖了对声源信息和传播路径信息不准确的修正。一般建立一个修正预测模型需要进行大量的实验，并需要测量各类声源数据，周期很长。针对传播路径不准确的修正则依赖于地理测绘和环境监测技术的数据精度和数据更新速度的改善，涉及的面比较广。通过噪声监测点提供的监测数据来对声源信息的准确性进行修正成为噪声地图快速修正更新的一个比较理想的手段。

目前在国外噪声地图修正更新的实践中，一般利用移动或固定的监测点来记录预测模型必要的各类输入参数，如车流量、源强值、气象条件等，利用这些参数更新预测模型的相关输入参数，进行噪声地图整体或局部的重新计算。这类方法在某种程度上讲是通过改变预测模型输入参数进行噪声地图的局部重绘，并没有充分利用原始噪声地图的求解结果，其实施过程比较烦琐，人力成本和设备成本都很高。

为了解决上述问题，有学者提出了一种通过监测点来反演声源特性，进而进行更新计算的方法。这类方法通过对各声源对应的监测点位置进行预测求解来得到一个衰减系数矩阵，通过此矩阵和各监测值的共同作用来反求声源点的源强。该方法虽求解过程比较简便，但只能较好的处理点声源。对于道路源来说，其针对一个预测点的衰减量很难用一个衰减矩阵中的单一值来表示。同时此方法在求解衰减矩阵时需要针对每个预测点都重新计算一张单声源噪声地图，计算量同样很大，并不适用于大规模噪声地图的修正和更新计算。

为了针对大规模噪声地图的动态更新，北京工商大学与北京市劳动保护科学研究所等单位提出了一种基于监测数据的声源特性反演算法，给出了噪声地图修正计算的详细方法和步骤。该算法利用原始噪声地图的计算结果参与计算来提升修正求解效率，避免对预测模型参数进行直接修改，保证修正区域的计算结果符合预测模型中的声传播规律。

另外，中山大学相关团队也提出了一种基于监测数据的噪声地图更新方法。该研究利用将相似特征的道路进行聚类的方法来进行局部噪声地图的快速更新。

2.1.2.3 计算模式及算法优化

有研究指出，不采用商业软件而采用科研单位自研软件同样可以得到较为精确的噪声地图。一般的自研软件都会采用结合预测和实际测量的混合方法，积极探讨利用简化的框架来代替复杂的商业软件以建立战略噪声地图的可能性。自研软件虽然在易用性和稳定性上不如商业软件，但是其却具有成本和灵活性上的巨大优势。由于噪声地图预测模型始终处于迭代、完善的节奏中，因此高灵活低成本的自研软件具备很强的吸引力。

结合实测数据及其位置信息的噪声地图绘制方法也是提升噪声地图绘制效率的重要途径。实测数据来源成本一般比较高，需要在设备使用、数据采集、数据存储和处理的方法等方面提升自动化程度，积累经验，才能逐步降低成本。

另外还有研究探讨了噪声地图计算网格格点生成的自适应方法。利用这种自适应网格的智能迭代过程可以在增加少量计算代价的情况下优化噪声地图的绘制质量。该方法的核心思想是在重要区域增加待求解的接收点，这样可以提升噪声地图插值效果，减少插值所造成的误差。

数字地形数据对交通噪声地图求解的速度和精度影响很大。通过对地形数据精度对大范围噪声地图项目求解的影响进行研究后，有学者指出垂直精度 0.5m

的精度是足够的，而 5m 以上的精度对噪声地图求解会产生难以忽略的不利影响。这个成果对噪声地图绘制软件的求解精度和求解速度进行平衡有很重要的参考价值。

不同城市形态对噪声地图的影响也是很大的。曾有学者对曼彻斯特和武汉市的噪声地图进行对比研究。其充分研究了噪声分布和城市模式之间的关系，指出城市形态对交通影响巨大，进而影响了噪声分布的状况。这就是为什么不同国家都有符合自身国情的预测模型，中国目前正在新一版预测模型标准规范更新的周期中，但是从标准规范到软件实现有一个解析过程。目前对标准规范的软件化解析比较多的是 HARMONOISE 标准。而 ASJ Model-1998 标准对传播模型的解释更为细致。目前欧洲的 CNOSSOS-EU 标准已经制定，对 HARMONOISE 标准做了很多修改和简化，这对计算软件的实现也起到了引导的作用。

噪声地图是一个系统工程，需要各类信息技术的支撑。引入 GIS 技术和 GPS 技术是最常见的做法，特别是需要将流动监测数据也集成到噪声地图绘制中的时候，或者是需要准确的交通信息的时候。另外还有一类有趣的尝试是利用移动电话来代替噪声测量装置。利用智能手机的麦克风，结合数据采集软件，通过手机不同用户在不同地理位置采集的测量值来绘制噪声地图。这种噪声地图虽然谈不上有多高的精度，但实时性非常好，而且具备了社交、分享等移动互联网属性，对一般民众的吸引力比较大。

随着对噪声地图精准度和实效性要求的提高，基于监测数据的噪声地图修正集成系统被用来改进噪声地图的绘制质量，如西班牙的 SADMAM 系统，已经成功地在马德里市进行了大规模应用。并且基于该系统，马德里市当局还构建了噪声地图动态更新系统，有效利用了马德里城市的监测网络，结合流动监测车，能够在数据分析和计算的基础上为马德里市每三年更新一次噪声地图。

并行计算或者分布式计算是一种常用的噪声地图加速方法。常见的商用噪声地图软件都支持分块并行计算，如 SoundPlan、Cadna/A 等。但是这些并行计算技术较为陈旧，对异构计算的支持是有限的，对计算任务的分解和规划方面缺少足够的优化。

2.1.3 不足与趋势

2.1.3.1 国内外噪声地图技术的差距

噪声地图是典型的多学科交叉技术领域，我国在此领域的技术积累与欧洲国家相比虽然仍显单薄，但差距不大，不存在显著技术瓶颈，而且在部分关键技术方面已处于国际领先水平。

（1）噪声模型研究水平存在差距。业内主流的预测模型大多由欧洲研发，我国引进后主要根据国内城市环境特征进行适应性研究和修正完善。相较于欧洲国家数十年的研究积累，我国模型研究相关工作起步较晚，与国际先进水平存在一定差距。但鉴于目前模型基本范式较为成熟，技术路线基本固定，随着监测技术和实验设备的快速发展，模型方面的技术差距正在逐渐缩小。

（2）预测误差校正和计算效率优化存在差距，但部分技术已国际领先。我国科研院所和高校在相关领域已取得较为明显的进展，基于监测数据的声源特性反演更新和相似特征道路聚类更新两种误差校正技术处于国际领先，跨平台异构协同的计算效率优化技术也处于领先地位。但总体上，我国科研院所和相关企业在这两方面的技术与国外领先水平还存在一定差距，主要原因是我国的监测数据积累不够，难以形成有效数据支撑。相较于欧洲城市近半个世纪的噪声监测历史，我国环境噪声监测数据积累目前还稍显不足。随着我国智慧城市、环境噪声自动监测网络的建设，监测数据将大幅增长，这将有力推动误差校正和效率优化技术的长足进步。

（3）噪声地图软件商业化水平存在较大差距。在噪声地图计算软件研发方面，我国已经拥有自主知识产权的噪声地图计算软件，在软件研发关键技术层面基本没有技术瓶颈。与国外主流软件的主要差距在商业化水平上，国产软件尚无法与其展开正面竞争。商业化水平差距一方面是因为国外商业软件已问世并活跃十余年甚至数十年，在国际市场格局中优势明显；另一方面也是我国科学计算软件商业化疲软的体现，集中在跨学科科技人才的短缺、大型科学计算软件研发经验薄弱等方面。

我国目前噪声地图计算软件存在的主要问题可以详细总结为下面几点：

1）软件商业化不成熟。国内商业化噪声地图计算软件凤毛麟角，基本不存在商业模式成熟的产品。现有软件在运营模式、开发模式、软件成熟度、软件可靠性、软件易用性、软件扩展性以及软件营销模式等方面与国外优秀商业化噪声地图计算软件相比还有一定差距。

2）软件国际化能力较弱。成熟的国际化软件具备了针对不同国家和地区的包括系统语言切换、物理量单位切换或定制等功能，同时能够兼容不同国家的不同类型数据标准。而国内软件一般来讲还未打入国际市场形成竞争格局，因此尚未顾及到软件国际化方面的工作。

3）支持的预测模型较少。国内噪声地图软件一般支持的预测模型数量少，一般只支持国内标准和模型，而且大部分模型求解功能只考虑了国内用户的需求和习惯。相对而言，国外软件一般支持十余种世界范围内的主流计算标准或模型，并且形成了较为成熟的模型运用体系支持。

4）软件功能不完备且欠稳定。由于国内噪声地图软件处于起步阶段，因此软件核心功能还不完备，版本兼容性和一致性也不够好，软件测试工作还不够充分。特别是在数据编辑管理、数据类型兼容、计算参数控制、计算过程优化等方面相对于国外成熟的商业化软件而言还有较大差距。

5）软件版本迭代慢。由于研发力量薄弱、市场规模较小、竞争激烈等原因，国内噪声地图软件的开发进度要慢于国外同类软件。一般成熟的商业化软件运营实体每年都能够迭代出新的软件版本，保持软件研发的活跃性，及时响应用户的需求和反馈。

6）软件前处理和后处理不完善。良好的前处理工具能够对批量的 GIS 数据或者较为复杂的 CAD 数据进行预处理，大大提升工作效率。一般而言，噪声地图求解对计算资源的消耗很大，但噪声地图的数据处理则更为费时。前处理工具的兼容性、灵活程度和自动化程度决定了前处理工具的优劣。后处理工具与前处理工具类似，主要包括结果数据的分析和处理、噪声地图的可视化、报表及报告生成等。目前看来这也是国内软件的薄弱环节，其灵活性、扩展性和兼容性明显不足。

7）声学数据库及其管理系统欠缺。声学数据库是噪声地图计算的知识核心，代表了环境噪声知识体系的积累水平。噪声地图软件需要具备扩展性好、便捷易用并且数据完备的数据库系统。目前国内软件的数据库无论是内容的充实性还是架构的完备性都与国外软件有差距。

2.1.3.2　噪声地图技术与尖端科学计算技术的差距

噪声地图属于中等复杂度的科学计算软件，但其整体技术水平和架构先进性与其他领域的科学计算软件相比有较大的差距，甚至是隔代差距，很多尖端、先进的理论和技术方法未得到有效利用。这些差距在高性能计算和软件系统架构上体现得尤为明显。

（1）在高性能计算方面。

1）一般的噪声地图计算软件不支持跨平台计算，难以应用最新计算效率优化技术。主流噪声地图软件基本只支持微软的 Windows 系统，不具备跨平台能力，而几乎所有高性能计算环境、混合异构计算环境都基于非 Windows 系统构建，跨平台能力的缺失限制了这些高效计算工具的应用。

2）并行计算和分布式计算能力不强，尚未具备成熟的超算解决能力。噪声地图是计算密集型技术，但其使用的并行计算、分布式计算模式还处于较为初级的阶段，在计算任务的负载均衡、分布式异构计算、动态计算资源的管理等方面不够先进，不具备成熟的超算解决方案。

3）噪声地图预测结果的可信度量化分析能力欠缺，预测结果难以进行客观定量评价。反观计算流体力等科学计算领域，已形成以验证和确认活动为中心的系统化可信度分析技术，且此类技术一直是科学计算的前沿热点问题。

（2）在软件系统架构方面。

1) 先进科学计算软件通常采用模块间弱耦合模式，但目前噪声地图软件的数据库、预处理模块、计算模型、后处理模块、可视化模块之间联系为强耦合方式，难以快速有效解耦，无法做到不同软件的优势互补，更无法联合使用，这严重制约了噪声地图的绘制效率和质量。

2) 软件体系结构大多为单机图形化软件，难以享受网络化架构的技术红利。由于未采用网络化、服务化等先进体系架构，其附带的开发效率高、开发资源丰富、扩展能力强、系统部署便捷等技术优势也无法在噪声地图体现。

3) 软件结构封闭、功能接口不开放，制约噪声地图相关工作的自动化。由于大部分软件不支持命令脚本的批处理，因此严重制约噪声地图自动化程度和应用灵活性；由于采用封闭的软件架构，软件数据结构、功能接口不开放，不具备二次开发功能，因此噪声地图无法进行用户功能扩展和功能定制。这种封闭性导致的技术差距主要是商业因素导致的，因国外噪声地图软件已占领并瓜分市场，市场竞争不充分导致技术封闭。

下面分条目总结噪声地图计算技术与其他领域的先进信息技术之间的差距。

(1) 系统架构强耦合。目前国内外噪声地图计算软件从体系结构而言基本属于强耦合形式，即数据库、计算模块、数据处理模块、各计算模型、数据可视化模块等耦合度非常高，不同软件之间的不同模块一般不兼容。只是在数据的导入和导出层面能做到部分兼容。这使得不同软件无法做到优势互补，同时也无法联合使用。

(2) 软件开放性、扩展性不佳。噪声地图软件一般不具备二次开发功能，同时软件数据结构、方法和功能接口也不对外开放。这对自动化噪声地图计算或环境噪声地图管理系统的构建是极为不利的。同时，封闭的软件架构无法让有特殊需求的用户自行扩展功能或定制功能。很多主流噪声地图软件仍然不支持批处理模式，而这种模式早在几十年前就在其他领域的科学计算软件中广泛使用。

(3) 软件跨平台能力较弱。主流噪声地图软件主要支持 Windows 系统，大部分不具备跨平台能力。这可能会对噪声地图计算能力与其他软硬件环境的集成造成潜在的困难。

(4) 软件底层运用的计算技术不先进。噪声地图绘制工具是计算密集型软件，一般都具备了并行计算的能力。但其并行计算或分布式计算的管理还处于较为原始的阶段。在计算任务的负载均衡、分布式异构计算、动态计算资源的管理等方面还比较落后。

(5) 软件缺乏较强的互联网能力。噪声地图软件的体系结构相对比较传统，一般均为单机图形化软件。而 Web 化、服务化等较为先进的体系架构采用的比较少。这就使得当前软件开发中先进体系结构带来的开发效率提升、开发资源丰富、扩展能力强、系统部署便捷等红利并没有被兑现。

（6）相关领域缺乏开源软件生态。目前还没有具备一定影响力的开源噪声地图绘制软件。这使得噪声地图技术的研发人员和科研人员缺少共同的、开放的研究平台。而其他科学计算领域，如 CAE 领域，开源软件是十分丰富的。这意味着更多样的软件盈利模式。基于开源软件的软件定制、技术咨询、预测模型研发等均可以成为有效的盈利模式。

（7）软件智能化程度不够。随着人工智能及大数据技术的兴起，工业界很多领域开始引入机器学习技术来进行数据分析、辅助决策等。目前噪声地图软件在这些方面还较为落后。即便是传统的知识库或知识推送等技术，在噪声地图计算软件相关领域也鲜有出现。噪声地图技术以及其所支撑的环境噪声管理技术亟需提升其智能化程度。

2.1.3.3　噪声地图计算技术发展趋势

总体看来，我国可在噪声地图计算技术层面借鉴其他先进科学计算技术，发挥后发优势，推进我国噪声地图相关技术水平快速提升。我国噪声地图相关技术虽与国外相比存在一定的差距，但这种差距并不大；与尖端计算技术对比，噪声地图技术整体处于一个不高的发展水平，我国可把握后发优势，从技术和架构的先进性入手，以较高的起点，集中力量研制出新一代、国际领先的噪声地图计算软件。

噪声地图技术的发展需要以应用为导向，以人与环境自然和谐的相处为根本目标，其本身具有公益属性。相关的部门通过加大扶持力度，建立统一的噪声地图技术支持中心，统筹推进相关技术工作。通过建立技术支持中心，加强噪声地图技术实施和规划的顶层设计，统筹推进各项技术革新。另外，需要进一步加大噪声地图模型、误差校正技术、效率优化技术等方面的科研投入，加强跨学科科技人才培养和大型科学计算软件研发的政策扶持，最主要的就是政策、标准和规范层面的支持。

噪声地图本身是一种工具，应该为环境噪声管理服务。其服务对象不应仅仅是单一的政务决策部门。事实上，噪声地图技术服务对象的范围可以进一步扩大，真正能以环境交通噪声或工业噪声分析服务的面貌出现在公众视野中。这一点可以部分借鉴天气预报数据服务的做法。天气预报数据对于农业、军事、旅游、运输、公众等各个领域的服务是差异化而且是全方位的。就目前情况来看，以噪声地图技术为支撑的相关服务的服务对象至少可以有政府部门、环评、建筑行业、教育行业、医疗行业、房地产行业、一般公众等。随着噪声地图服务面的扩大，噪声地图相关的技术和政策也应顾及这些方面。

噪声地图结果的可信度只有与监测数据相结合才有可能有效确定。目前，随着智慧城市的发展，物联网技术已经遍地生根发芽。环境噪声监测设备目前的缺点，如价格昂贵、选址部署困难、数据传输和处理烦琐等，随着物联网和大数据技术的兴起必将很快被解决。对于环境噪声监测网络来说，可尽快将其融入智慧城市、城市大数据及工业大数据的整体规划中去，噪声地图计算依赖的交通数据、地理信息数据、气象数据等应该与其他领域保持实时同步。噪声地图求解和监测的结果也应该及时地接入城市大数据的体系中。只有这样，随着多领域协同决策的技术问题、组织结构问题的逐步解决，环境噪声管理才能与其他领域的管理进行协同决策。只有这样，才能避免相关关联的各个领域在决策过程中由于各自为战而造成的矛盾与冲突。

噪声地图的可信度在理论和技术方面的研究还亟需加强。科研人员需要进一步对噪声地图计算物理模型与数值计算模型之间的差异、物理模型与真实环境之间的差异进行量化的研究，要形成一套较为系统的方法论。同时应该寻求一套行之有效的并且易被公众接受的噪声地图可信度评价体系和描述方法。既要避免群众的盲目信任，又要避免群众的不信任。

噪声地图软件研发技术需要进一步被重视。总体而言，我国噪声地图软件技术与国外噪声地图软件技术的差距远小于国外噪声地图软件技术与其他先进科学计算软件技术之间的差距。从横向角度比，我国在噪声地图相关软件研发技术上与世界水平的差距也要小于其他更成熟的科学计算领域的差距。例如数值气象预报、工程 CAE 计算、生物医学计算等领域，其知识积累和技术积累形成的壁垒则更为深厚。

2.2 噪声地图计算模型

计算模型的实现是噪声地图计算或者是大范围环境噪声仿真的核心技术难点。这里所说的计算模型往往是指环境噪声预测模型的计算机化、自动化衍生模型。预测模型并不等同于计算模型，预测模型更为宏观和粗糙，不但可以用于指导软件编制，而且也可以用于工程技术人员的手工计算或者利用通用计算机工具（如 Excel 等电子表格程序）进行半自动化计算。而计算模型需要在预测模型的基础上，通过一系列算法的实现，完全打通计算机自动化计算的流程，并适应各种复杂的计算输入。计算模型依赖于预测模型，但更加细致和周全。总的来说，计算模型可以认为是预测模型的全自动化计算机实现，也是一款噪声地图计算软件的核心技术。

预测模型从内容上分一般分为声源模型和传播模型。不同预测模型的差别主要在于声源模型上，传播模型的描述模式则较为统一。从软件实现的角度来说，传播模型要能够应对复杂多变的户外环境，因此软件实现难度较大。而预测模型的实现难度相对来讲要小一些。

2.2.1 常用预测模型

噪声地图技术以噪声预测模型为基础实现对噪声源和传播过程的仿真计算。交通噪声预测模型对噪声地图计算结果和修正方案的制定起着决定性的作用。噪声预测模型主要包括声源预测模型和声传播预测模型。前者主要建立交通特性与声源的影响关系，例如车流量、车速、车型、路面材料等对噪声辐射的影响；后者是噪声传播因素，如接受点到声源的距离、地面植被状况、各类建筑物对噪声的反射和吸收作用，以及天气状况对噪声传播的影响等。当前国际上通用的声源预测模型主要包括法国 NMPB 模型、美国 FHWA 模型、德国 RLS90 和英国 CRTN88 预测模型。声传播预测模型国际多采用 1996 年国际标准化组织颁布的《声学 户外声传播的衰减 第 2 部分：一般计算方法》（ISO 9613-2：1996，Acoustics—Attenuation of sound during propagation outdoors—Part 2：General method of calculation，后文简称 ISO 9613）。参照 ISO 9613，1998 年我国声学标准委员会据此制定了《声学 户外声传播的衰减 第 2 部分：一般计算方法》（GB/T 17247.2—1998），用于计算噪声传播过程。纵观不同的预测模型，在交通噪声传播、反射、屏障物吸收及有限长路段等的修正计算方面基本观点是一致的，在道路坡度及路面材料对交通噪声的影响方面也达成共识。但由于不同国家的交通组织形式和声源各有特点，同时在车辆分类、声源位置、测量标准等关键参数上各不相同，因此在交通声源预测模型中的各类参数差别较大，同样交通条件下，仅预测模型影响，误差可达到 3.0dB（A）以上。因此，对所采用的噪声预测模型及内部参数的了解和掌握至关重要。

国外几种预测模型简要介绍如下：

（1）美国 FHWA 公路交通噪声预测模式。美国于 1978 年 12 月发布了 FHWA 高速公路交通噪声预测模型。该模型以等效连续声级为评价指标，自发布以来经过数次改进，现已在美国、加拿大、日本及墨西哥使用。FHWA 假设点声源运动速度不变，其精确性依赖于预测点与声源点的距离和车辆组成比例。FHWA 方法严格适应于直线路段和恒定速度，其主要缺陷是没有考虑交通中断等问题。在计算中，需要将道路上车流按车种进行分类，先求出一类车辆的小时等效声级；然后采用能量相加的原则，将交通噪声级与背景噪声级相加，最终得到预测点的计算结果。

（2）德国 RLS90 预测模型。德国分别于 1981 年和 1990 年发布了 RSL81 模型及其改进版 RSL90 模型。RLS90 模型以等效连续声级为评价指标，包括声源模型和声传播模型两个子模型。输入数据考虑交通类型、车流量、停车场和道路、环境数据、传播能量类型，允许简单交通中断和未知交通流。

（3）英国 CRTN88 预测模型。英国于 1975 年发布了 CRTN 模型，1988 年又发布了其改进版 CRTN88。CRTN88 模型目前在英国、澳大利亚和新西兰等地使用，并成为这些国家和地区法院在处理有关交通噪声诉讼案件时唯一认可的标准模型。该模型以交通噪声峰值 L10 为评价指标，这个模式假设一个线声源和恒定速度交通流，适用于长的顺畅的高峰交通流或距离观察者有一定距离的火车。输入数据考虑重/轻车辆比、车流量、车流速度和环境数据。

（4）欧盟预测模型 CNOSSOS-EU。欧盟认为评估噪声水平是改善声环境的重要前提，绘制噪声地图可帮助欧盟各成员国对比噪声污染情况。为此，2009 年欧盟委员会决定开发 CNOSSOS-EU 模型，其中包括道路交通、铁路交通、飞机和工业噪声。该模型基于欧盟多年积累的科学、技术和环境噪声评估实践知识，同时考虑了周期性进行噪声预测时的实时成本问题。CNOSSOS-EU 欧盟方法框架的核心由以下部分组成：模型的目标和要求的质量框架；道路交通、铁路交通、工业噪声源排放和声音的传播；飞机噪声预测和其相关信息数据库；建筑物人口数据和建筑物外墙的噪声等级；模型概念和范围说明。

欧盟 CNOSSOS-EU 模型研发包括三个阶段：第一阶段为模型方法框架研究，第二阶段为模型工具和验证研究，第三阶段为模型的应用阶段。事实上 CNOSSOS-EU 模型出现的最重要价值是实现了欧盟噪声地图技术在方法论层面的统一和完善。

2.2.2 传播模型计算流程

ISO 9613 提供了户外声传播计算的一般过程和各个衰减项的计算方法，具有较强的指导意义。但该标准并没有明确给出实际操作过程中的具体计算流程，或者不同的预测模型给出的实施方法也不尽相同。并且该标准主要针对单点手工计算，而利用计算机进行自动化计算的过程相对更复杂，对计算过程的参数化和清晰化要求更高。为了使读者更好地运用 ISO 9613 进行预测点的数值计算，图 2-2 给出 ISO 9613 数值计算详细流程。该流程主要用于利用 ISO 9613 进行大范围声场多预测点的自动化计算过程。当然，手工计算过程也可参照此流程进行。

在图 2-2 中，首先获取计算必要的原始数据，主要包括声源信息以及声传播过程中的地理环境信息。然后需要将各类声源统一等效转化为点声源集合，求解每个点声源对预测点的贡献量，最后将各个点声源的贡献量叠加。在针对特定点声源的求解过程中，根据射线声学的思想，要计算直达声线、绕射声线和反射声线三类不同的声线路径；并且根据需要，上述计算需要在每个频带进行，然后叠加。上述计算过程计算量较大，特别是针对大量预测点的声场预测计算中，此任务手工很难完成，建议编制相关计算机程序或利用成熟商业软件进行计算，并且可以考虑并行计算或云计算等先进的高性能计算手段。

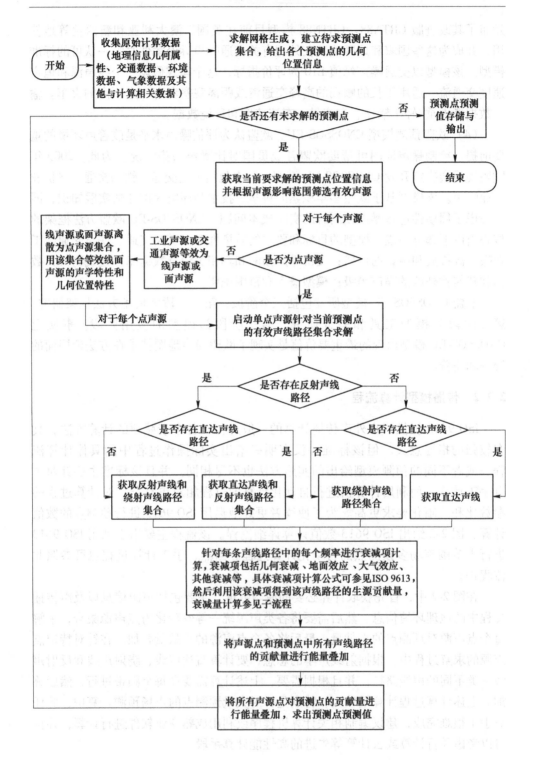

衰减量计算子流程

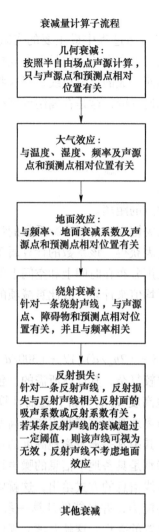

几何衰减：
按照半自由场点声源计算，
只与声源点和预测点相对
位置有关

大气效应：
与温度、湿度、频率及声源
点和预测点相对位置有关

地面效应：
与频率、地面衰减系数及声
源点和预测点相对位置有关

绕射衰减：
针对一条绕射声线，与声源
点、障碍物和预测点相对位
置有关，并且与频率相关

反射损失：
针对一条反射声线，反射损
失与反射声线相关反射面的
吸声系数或反射系数有关，
若某条反射声线的衰减超过
一定阈值，则该声线可视为
无效，反射声线不考虑地面
效应

其他衰减

图 2-2 ISO 9613 声传播衰减模型计算流程

2.2.3 ISO 9613 主要衰减项

ISO 9613 模型中的各个衰减项的计算方法在相应的规范中有详细的说明，无需重复，此处对各个衰减项的介绍仅限于在大规模环境噪声仿真计算中这些衰减项在计算时的要点。

（1）几何发散 A_{dlv}。

$$A_{dlv} = 20lg(d/d_0) + 11 \tag{2-1}$$

式中　d ——点声源到接收点的距离；

d_0 ——参考距离。

几何发散的衰减是噪声传播过程中最主要的衰减项，其计算表达式比较简单，一般只与测点到声源点的距离有关。但是在大规模环境噪声计算中，存在大量障碍物的绕射声线和反射面形成的反射声线，而这些声线形成的任意一条路径在计算过程中都需要考虑几何衰减，这是在编制计算程序或进行预测软件研发时需要加以注意的问题。

（2）大气吸收 A_{atm}。

$$A_{atm} = ad/1000 \tag{2-2}$$

式中　a——大气衰减系数；

　　　d——点声源到接收点的距离。

大气吸收衰减项计算的关键在于大气衰减系数的计算。该系数是温度、湿度和频率的函数，一般通过查表获得。该系数的计算属于经验模型，一般大规模噪声地图计算往往反映的是噪声分布在时间上和空间上的统计特性，因此温度和湿度等气象量也是按照长期平均值来计算，故此衰减项的计算是造成噪声地图精度不确定性的一个重要来源。

（3）地面效应 A_{gr}。

$$A_{gr} = 4.8 - (2h_m/d)\left[17 + (300/d)\right] \geqslant 0 \tag{2-3}$$

地面效应的计算相对比较复杂，其计算所需的量包括由点声源到接收点的距离 d、传播路程的平均离地高度 h_m，另外，还需计算投影到地平面上的声源至接收点之间的距离，点声源离地高度和接收点离地高度等物理量，这三个物理量主要用于计算指向性校正。其中凡是涉及离地高度的量在实际计算中都需要依赖地面高度这一参考数据。特别是具备地形信息的噪声地图计算中，地形起伏往往是由数字高程信息或者等高线信息的方式给出，这就要求仿真计算软件具备读取高程信息或者登高线信息的能力，并且能够计算一系列的统计量，如平均高程，或者能够插值计算出指定位置的高程。这就要求大规模噪声地图计算软件需要具备基本的 GIS 数据读写和统计计算能力。这对计算程序的编制是一个很大的挑战。

$$D_\Omega = 10\lg\left\{1 + \left[d_p^2 + (h_s + h_r)^2\right]/\left[d_p^2 + (h_s - h_r)^2\right]\right\} \tag{2-4}$$

另外，在采用式（2-3）计算地面效应的时候需要使用式（2-4）来对指向性修正进行计算。

（4）声屏障 A_{bar}。

$$z = \left[(d_{ss} + d_{sr} + e)^2 + a^2\right]^{1/2} - d \tag{2-5}$$

声屏障的计算是各个衰减项计算中的最难点，也是声线法最主要的使用场景。屏障衰减计算的核心是求出声程差 z，即直达声线和绕射声线的长度差。式（2-5）给出的只是声程差计算的最基本形式。在实际噪声地图计算中，声屏障的布置方式极为复杂且多种多样，这就导致了声程差的求解也极为复杂。一般来讲，声程差的计算依赖于声线长度的计算，而声线长度，特别是绕射和反射声线的长度计算，等效于三维空间中若干基本计算几何问题的叠加，如求解空间点集的包络面、空间直线与面的交点等。这些基本的计算几何问题的解决算法需要全面考虑其计算正确性、鲁棒性和计算效率。

屏障衰减项的计算是噪声地图计算中的最核心内容，其计算高度依赖地理信息系统中提供的基础数据，主要是各类声屏障的几何信息。另外，屏障衰减计算是噪声地图求解效率中的瓶颈，是影响求解速度最重要的因素。

$$D_z = 10\lg\left[3 + (C_2/\lambda) C_3 z K_{met}\right] \tag{2-6}$$

$$C_3 = \left[1 + (5\lambda/e)^2\right]/\left[1/3 + (5\lambda/e)^2\right]$$

$$K_{met} = \exp\left[-(1/2000) \sqrt{d_{ss} d_{sr} d/(2z)}\right] \quad (z > 0)$$

$$K_{met} = 1 \quad (z \le 0)$$

式中　e ——在双绕射情况下两个绕射边界的距离；

d ——由点声源到接收点的距离；

d_{ss} ——声源到第一绕射边距离；

d_{sr} ——绕射边到接收点距离；

h_m ——传播路程的平均离地高度；

d_p ——投影到地平面上的声源至接收点之间的距离；

h_s ——点生源离地高度；

h_r ——接收点离地高度；

a ——声源和接受点的距离在平行于屏障上边界的分量；

λ ——频带中心频率波长。

C_2 一般取 20；如果将地面反射采用虚声源算法的话，则 C_2 取 40。

（5）其他衰减项。其他衰减项的计算方法相对简单，但不确定性也比较高，主要包括绿化林带衰减 A_{fol} 、工业场所衰减 A_{site} 以及房屋群衰减 A_{hous} 等。需要指出的是房屋群的衰减属于估算方法，其算法比较粗糙。在计算软件中，如果地理信息数据比较完备，房屋群的估算往往用在快速计算中。如果需要更为精确的计算，例如房屋侧立面噪声分布计算，就需要将每座房屋考虑成声屏障，并且考虑其绕射和反射的效应进行计算。

2.3　本　章　小　结

本章介绍了噪声地图计算技术体系以及常用的交通噪声计算模型。噪声地图计算技术体系十分庞杂，具有典型跨学科的特点，因此相关技术的研发实际上也是多学科人才协作的过程。

　　由于噪声地图计算模型不属于纯理论模型，而是半理论、半经验混合模型，且融合了大量的经验数据和标准规范，因此噪声地图计算模型始终处于一个不断变化、完善和发展的过程中。一般来讲，较晚出现的模型其细致程度和可用程度要高于较早出现的模型，例如欧盟目前将会使用 CNOSSOS-EU 模型代替较早模型，各商用软件在其较新版本中也会不断针对模型的变动进行更迭。

　　对于我国而言，在对国外模型扬弃的基础上研发自主计算模型，以便形成完善的自主标准是一条需要踏踏实实走下去的道路。另外，噪声地图技术链条中的每一个环节都与实施国家具体的城市特征有关。这种关联性不仅仅在于城市声源和城市环境的布局，也在于城市管理模式、城市数据共享模式、城市信息化水平等各个因素。这都是需要相关科技工作者进行考虑的。

3 噪声传播计算

3.1 多源数据融合

　　大规模环境噪声计算的求解过程中涉及各种多源异构数据，一个完整的仿真计算项目实际上要有效地将这些数据的关联特性分析清楚，做到多源数据融合。以噪声地图的应用场景为例，可以通过构建基于逻辑维、时间维和空间维的三维数据关联模型来描述该过程，如图 3-1 所示，可以利用该模型驱动噪声地图求解过程，并应用于包括数据准备、求解、修正、统计分析、发布在内的噪声地图全生命周期管理。

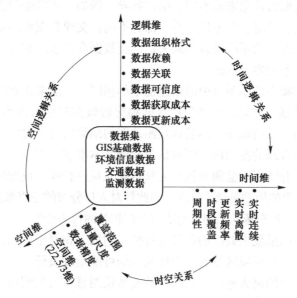

图 3-1　噪声地图三维度数据关联

3.1.1　数据源

　　图 3-1 按照时间维、空间维和逻辑维单个维度分析了噪声地图数据之间的复杂关联关系。噪声地图涉及的数据源类型多样，结构各异，主要包括以下几种：

　　（1）地理信息基础数据。此类数据包括评价区域的公路、铁路、建筑、地形、绿地、工业区等，另外还包括与环境噪声评价相关的功能区划分、建筑物人口分布等数据。上述数据具有较长的时效性，更新难度和成本都很高。随着我国城市建设进程的加快，这类数据的更新频率也有了更高的要求。

（2）环境信息数据。此类数据包括评价区域内的气温、湿度、风力风向等。这类数据实时性强，并且具有较明显的时空不均匀特性。在噪声地图的绘制过程中，这类数据很难保证实时性和精确性，一般取其长期均值。

（3）交通数据。此类数据主要包括公路车流量、车型比例、车流速度，以及轨道交通的流量、车型比例、持续时间等。这类数据实时性极强，并且对噪声地图绘制结果的影响很大。这类数据的误差是噪声地图误差产生的主要原因之一。另外，交通数据还包括交通网络拓扑信息、道路等级等内容。

（4）环境噪声实时监测数据。此类数据由移动或定点的噪声监测设备采集获得。这些设备一般也可同时采集基础气象数据。该类数据一般包括监测值、数据位置和数据时间三个维度的分量，监测值又包括环境噪声评价的常用评价量，而时空信息一般来自 GPS 数据。

上述不同类型的数据来源不同，结构各异。例如，不同部门提供的地理信息数据可能在精度、图层、参考坐标系上都有不同；交通数据和环境信息数据存在统计口径和表达方式的不同或数据缺失；监测数据存在多厂家的监测设备数据存储方式不透明、不兼容等问题。

上述数据在噪声地图项目中的用途也不尽相同。一般来讲在噪声地图求解过程中，地理信息基础数据、环境信息数据和交通数据时作为预测模型的输入量，通过计算得到噪声预测地图。然后该预测地图的结果需要通过实时监测数据来验证。如果误差在合理的范围内，则可认为预测基本准确。如果误差较大，则需要分析误差来源，并将实时监测数据作为新增输入量进行噪声地图的修正计算。

噪声地图主要的用途是噪声管理。因此针对人口分布的噪声暴露情况、功能区的噪声分布、主要噪声源的识别等与噪声管理相关的行为会使用上述各类数据。

上述各类数据呈现出典型的跨尺度特性。例如，相对于可以达到很高精度的建筑物几何特征，其对应区域的地形特征数据可能精度很低，二者的尺度并不匹配；噪声地图给出的是大范围、长时间的宏观预测量，而监测设备可以记录某时刻某地点的微观观测值，二者的尺度相差极大。

噪声地图的绘制质量很大程度上依赖于上述数据的数据质量，而噪声地图绘制效率一般依赖于上述数据的处理分析效率。因此，有效地解读各类数据之间的关联性，减少重复数据操作，避免不必要的数据质量下降是提高噪声地图质量的重要途径。噪声地图绘制过程中，需要按照时间维、空间维和逻辑维三个维度来对各类数据进行分析、判断和处理，并在此基础上进行多源数据的融合，如图 3-2 所示。

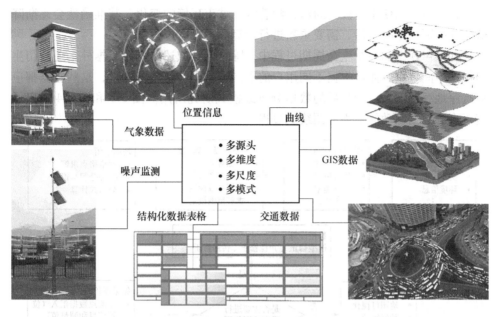

图 3-2　噪声地图计算中的多源数据融合

对于一类数据，首先应单独分析其时间特性、空间特性和逻辑特性，然后对三者之间的关系进行研究，以便对数据缺失、数据冗余、数据风险、数据成本等进行确定，进一步驱动噪声地图项目执行过程。

3.1.2　数据驱动

噪声地图的计算任务主要分为三类。

第一类任务是底图计算任务。该类计算任务的计算量由网格划分精细度、声源分割精细度、反射计算次数、求解区域内建筑物数目、声源影响范围等因素决定，一般属于高耗时任务。

第二类任务为三维网格计算任务。该类任务主要针对建筑物外墙立面进行噪声网格计算，最终形成建筑三维网格。其主要研究交通噪声对建筑中居民的影响。该类计算任务计算复杂性的决定因素与第一类计算任务相似，另外，求解区域内的建筑物平均高度也会对其复杂性产生影响。建筑物越高，则建筑物网格数目越多，求解时间就越长。一般大型城市的三维网格计算任务的计算量可能超过地图计算的计算量。

第三类计算任务为动态噪声地图计算。此类计算任务一般与无线环境监测设备相结合，根据实测数据来修正第一类任务计算出的噪声地图底图。其计算复杂度与修正算法有关，一般不会大于同规模的第一类任务。

在噪声地图计算完成后，还需要进行管理数据的统计计算，随后才能发布。

在一幅噪声地图使用一段时间后，随着实际城市环境的变化，其准确性会逐渐降低，在间隔一定时间后，需要重新进行计算和发布。

在噪声地图的整个生命周期过程中，除了上文叙述的原始数据外，还会衍生出很多中间数据，而且根据不同用户的不同需求还会定制统计量，这些数据都应被有序地存储下来，为日后的数据分析或模式研究所用。图 3-3 和图 3-4 给出了基于多源数据驱动的噪声地图绘制过程。

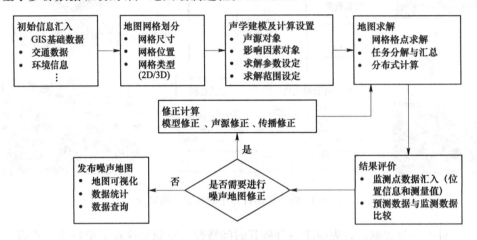

图 3-3　数据驱动的噪声地图绘制

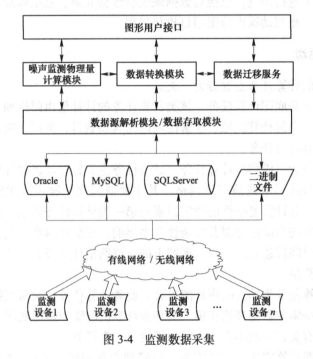

图 3-4　监测数据采集

3.2　传播模型的声线方法

目前声传播仿真计算主要包括以声线追踪和虚声源为代表的几何声学方法以及以有限元、边界元、时域有限差分、数字波导网格等为代表的波动声学方法。由于大范围环境噪声仿真的用途主要在于判断声场分布的宏观趋势，对精确度要求不高，因此一般环境噪声仿真中均采用几何声学方法，同时可利用绕射声线近似等效声传播中的波动特性，并结合声线追踪与虚声源法简化反射声线的求解过程。在声源模型和传播模型基本确定的情况下，其声场建立主要需解决下述问题：

（1）声源等效：即将线声源、面声源和体声源等效成点声源集合。

（2）确定接收点：运用合适的划分策略将空间离散成接收点，针对每个接收点求解预测值。

（3）确定声源点和接收点之间的有效声线路径，具体包括直达声线、绕射声线和反射声线。

为了解决这些问题，合适有效的声线追踪方法尤为重要。声线追踪的主要目的是解决线声源（城市中主要以交通声源为主，线声源是其等效形式）离散及复杂城市环境中的各类声线路径求解问题。

针对上述问题，下面详细介绍声线法的基本实现技术，其核心为线声源离散及复杂城市环境中的各类声线路径求解。该方法是环境噪声仿真预测的算法核心。

3.2.1　基于声线法的声压级预测模型

目前，户外环境声传播预测模型中的传播过程一般依照《声学　户外声传播的衰减　第2部分：一般计算方法》（ISO 9613-2：1996）进行计算。该标准采用声线法描述声波辐射过程，在给定声源及预测点位置的情况下，需要研究三类声线传播路径，如图 3-5 所示，分别为直达声线、绕射声线和反射声线。

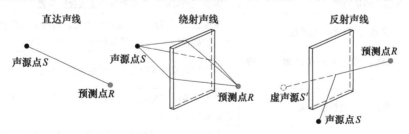

图 3-5　三类声线路径

直达声线存在于无障碍物存在的大气介质中。一旦存在障碍物，需要考虑绕射声线。由于户外，特别是在城市环境中，主要障碍物以人工建筑物为主，其下部与地面连接，因此绕射声线主要考虑三条，即上部绕射声线和两条侧绕射声线，如图 3-4 所示。对于给定的声源点和预测点，除绕射声线和直达声线外，还需考虑反射声线。反射声线的数目由空间中反射面的数目及位置决定，也与需要考虑的最大反射次数有关。

从声源点到预测点的每条声线路径都需要求解其等效连续顺风倍频带声压级，可按下面等式计算：

$$L_{fT}(DW) = L_W + D_C - A \tag{3-1}$$

式中 L_W——由点声源产生的倍频带声功率级，dB；

D_C——指向性校正，dB；

A——点声源到预测点的声传播倍频带衰减。

大气介质和地面反射对声线传播的影响以及声源能量几何发散的影响都包含在衰减量中。因此，求解预测点声压级的关键在于确定各个声源点到预测点的所有有效声线路径。

3.2.2 重要衰减量的信息获取

在大规模噪声地图计算中，各种地理信息和空间信息重复测量的成本巨大，因此一般都会采用已有的地理信息数据。衰减量中所需的很多参数都需要从地理信息数据中获取。表 3-1 总结了需要从地理信息中获取的主要参数内容。

表 3-1 衰减量计算必要参数及其来源

与 GIS 数据相关的计算参数	参数来源说明（GIS 数据源）
d：由点声源到接收点的距离	程序直接通过两点坐标计算距离
d_p：投影到地面上的声源到接收点之间的距离	需要声源点和接收点的坐标及地表高度信息
h_s：点声源离地高度	需要获取声源点坐标和该点地表投影位置
h_r：接收点离地高度	需要获取接收点坐标和该点地表投影位置
h_m：传播路程的平均离地高度	需要获取声源点和接收点的坐标，同时获取传播路径地表的高程信息，通过计算得到平均离地高度
e：在双绕射情况下两个绕射边界的距离	单个建筑或声屏障的外形信息和位置姿态
d_{ss}：声源到第一绕射边距离	单个建筑或声屏障的外形信息和位置姿态，声源点的坐标和地面高程
d_{sr}：绕射边到接收点距离	单个建筑或声屏障的外形信息和位置姿态，接收点的坐标和地面高程
a：声源和接收点的距离在平行于屏障上边界的分量	单个建筑或声屏障的外形信息和位置姿态，声源点和接收点的坐标和地面高程

与 GIS 数据相关的计算参数	参数来源说明（GIS 数据源）
d_1：树林初始弧长	树林的平均高度信息和树林分布（初始弧长一般采用估算方法）
d_2：树林末端弧长	树林的平均高度信息和树林分布（末端弧长一般采用估算方法）
B：建筑物密度	指定范围内建筑物数量统计及范围面积计算

地理信息原始数据能提供的信息一般包括建筑物的轮廓及高程信息、道路轮廓及高程信息、地面数字高程信息等，其他信息都需要基于这些信息进行统计计算间接获得。

3.2.2.1 获取指定对象高程

获取指定对象高程的功能会在声线传播计算中频繁使用，需要计算的对象主要是点对象和建筑物等屏障对象。其给定一个平面坐标，获得此点的高度信息，如图 3-6 所示。如果坐标位置为建筑物或声屏障，则获取该点地面的高度和建筑物（声屏障）的高度。若原始数据中没有地形信息，一般可将地面高度设定为 0。

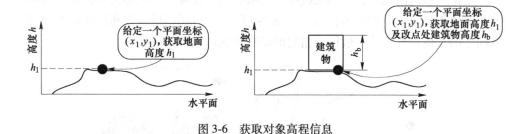

图 3-6 获取对象高程信息

3.2.2.2 声屏障筛选

声屏障筛选是求解绕射声线和反射声线的核心需求。要求给定一条有向线段，获得该线段穿过所有建筑或声屏障的基本信息，包括其高度、厚度、长度和方向（相对于给定有向线段），如图 3-7 所示。可通过给定的两个点的坐标，获取两点所在线段贯穿过的建筑物或声屏障的基本长宽高信息。对矩形建筑和任意形状建筑采用如图 3-8 所示的包围盒近似方法计算，包围盒的两条边与给定线段平行，这两条边的长度为最后得到的建筑物或声屏障的厚度，而垂直于给定线段的两条边的长度为最后得到建筑物或声屏障的长度。

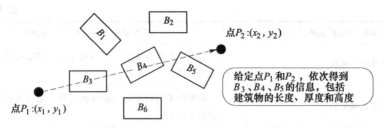

图 3-7　声线贯穿的建筑物信息获取

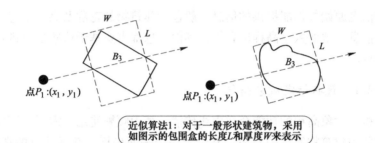

图 3-8　单个建筑物的等效包围盒

3.2.2.3　特定衰减区

给定一条有向线段，获得该线段穿过所有某类区域（一般是树林区域，也可能是其他类型对象）的基本信息，如图 3-9 所示，包括区域高度和该区域在线段方向上的长度，该部分一般用于指定的降噪衰减区域，如树林等。

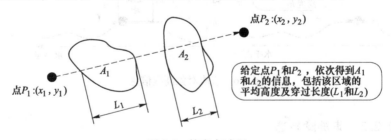

图 3-9　特定衰减区

3.2.2.4　建筑物群

给定一个范围（矩形范围），获得该范围内的所有房屋的面积与该范围的面积。如果 GIS 的原始数据或间接数据中包含了空间分析求得的建筑物密度信息，则可直接使用，否则可采用图 3-10 的方法。即给定四个点以确定一个矩形范围，获取该范围内建筑物的总面积，以便进一步求得该区域内建筑密度。关于部分面积在该区域内的建筑物，如图 3-10 中的 B_3、B_5 和 B_6，其面积是否算入该区域应该给出不同的选择：全算在内、全不算在内和部分算在内，一般会由用户手动进行选择，保持一定的灵活性。

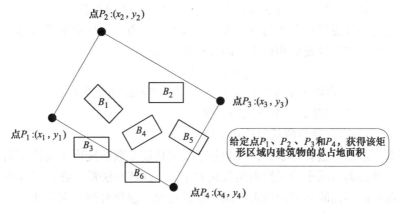

图 3-10 建筑物群信息

3.2.3 线声源及其离散点

城市交通噪声地图的声源类型主要以交通流为主（公路、铁路、地铁等），一般根据不同的交通噪声预测模型将交通流抽象为道路声源，而道路声源则是一种特定化了的线声源。线声源在射线声学中，一般会被离散成点声源进行计算。

3.2.3.1 理想线声源模型

在具体的噪声地图仿真计算过程中，道路声源的声源特性有几种不同的表达方法，可直接给一条道路赋予总声功率级，也可以给出道路车流量、车速及不同车种的声源特性共同来计算出道路的声功率级。最后道路声源被进一步抽象成理想线声源，其声源特性被转化为用线声源的单位长度声功率级来表示。线声源信息模型 S_l 可用下面的二元组来表示：

$$S_l = \langle L', V \rangle \tag{3-2}$$

式中 L'——线声源单位长度声功率级；

    V——线声源节点有序集合，$V = \{v_1, v_2, \cdots, v_n\}$，共有 n 个节点。

3.2.3.2 离散声源点

在户外环境噪声求解过程中，大部分声源几何尺度较大，无法用单一点声源等效，需要离散成具有一定声功率级的点声源集合。理想线声源是一类最常见的声源抽象模式，常见户外噪声源如公路、铁路等交通噪声都可等效成理想线声源，其对应的几何形式为三维空间中的折线。本节主要通过对理想线声源的离散化来确定声源点集合，并以此作为声线的发射源。

线声源的离散方法可分为有约束离散和无约束离散两种。无约束离散指离散策略只与线声源本身的集合参数及预测点与线声源的相对位置有关；有约束离散指离散过程除了受到上述因素影响外，还会受传播环境的约束。

无论离散过程是否存在约束，都必须满足线声源的总声功率级与离散出的声源点集合的声功率级叠加和相等，即应遵循下式：

$$L_n = 10 \lg (10^{L'/10} l_n) \tag{3-3}$$

式中　　L_n——线声源第 n 个分段对应的等效点声源的声功率级；

　　　　l_n——线声源第 n 个分段的长度；

　　　　L'——线声源单位长度声功率级。

声源离散的方法有很多种，例如基于基准角度参数的线声源无约束离散化方法、基于动态离散因子的无约束离散化方法等。这些算法都能在较好处理开阔区域线声源离散问题的同时控制点声源生成的规模，但针对拥有大量建筑物、声屏障的复杂的区域则有一定的局限性。

3.2.4　无约束离散

无约束离散是指在线声源离散成点声源时，不考虑周边环境对离散效果的影响，其一般分为静态离散和动态离散两类。

3.2.4.1　无约束静态离散

线声源静态离散是指在噪声地图仿真计算过程中每条线声源只进行一次离散化处理，不同的接收点或网格点求解过程中，该线声源的离散化结果保持不变。在静态离散中，每个线声源的离散分段的长度相等，并由式（3-3）可知，每个等效点声源的声功率级也相等。静态离散的分段方法如图 3-11 所示。

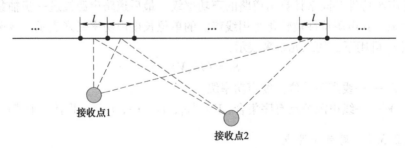

图 3-11　静态离散基本原理

由图 3-11 可以看出，给定的线声源被离散成了等长的线段。在求解过程中，接收点与线声源的相对位置不同，如图 3-11 中的接收点 1 和接收点 2，但线声源离散策略和离散结果保持不变。具体分段长度 l 称为静态离散的离散步长。每个离散分段用声功率级与该分段总声功率级相等的点声源来等效。而该点声源位置为该分段的几何中点。对于同一条线声源来说，其各等效点声源的声功率级是相等的，由式（3-3）可得：

$$L_n = 10\lg(10^{L'/10} l)$$

3.2.4.2 无约束动态离散

动态离散是指在噪声地图仿真计算过程中，根据每个计算格点与线声源的相对位置，实时进行线声源的离散。也就是每对一个格点进行求解，就需要对线声源进行一次分割，每次分割的结果（每个离散分段的长度位置及离散分段的总数目）都可能不相同，并且分段长度和格点与线声源的位置有关。在分段过程中，需要保证离接收点越远的分段的长度越大，离接收点越近的分段的长度越小。具体的分段方法如图 3-12 所示。

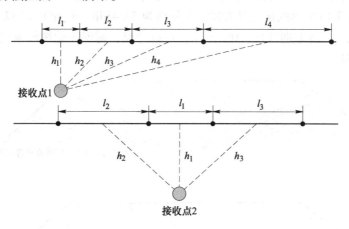

图 3-12 动态离散基本原理

在离散过程中，每个离散分段的长度与接收点到该分段中心的距离为用户定义的常数 φ，称为动态离散因子。φ 的取值范围为 $\varphi \in (0, 1)$。针对同一个接收点来说，φ 值越大，线声源离散点越少，仿真计算耗时比较短。φ 值越小，则线声源离散点越多，仿真计算耗时比较长。针对图 3-12 有 $l_i/h_i = \varphi$。

确定了动态离散因子之后，针对同一个接收点，线声源的离散化结果还与离散顺序有关，主要取决于第一个离散分段如何确定，且确定了第一分段之后其余分段以何顺序确定。

出于离散对称性的考虑，本节将线声源上距离接收点最近的点作为第一个离散分段对应的等效声源点。即通过接收点作线声源的垂线，得到的垂足即为第一个等效点声源的几何位置，进而确定第一个离散分段的位置（如图 3-12 中的 l_1

分段)。第一个离散分段的位置确定后，其余分段由第一分段开始向线声源两个端点逐一确定。

动态离散完毕后，各等效点声源的声功率级可利用式（3-3）进行计算。

3.2.4.3　无约束离散实例

图 3-13 是根据声源优化预处理方法进行的应用实例，该线声源原始数据中共描述了 31 个节点，即该多段线是由 30 条线段组成。利用动态离散方法对该线声源进行离散，形成一系列等效点声源，其中 $\varphi = 0.5$。在不采用声源优化预处理的情况下求得的等效点声源数目为 29，而采用了线声源优化处理后等效点声源数目为 10，其中 $\lambda = 10$。可见利用线声源优化预处理技术后在一定程度上降低了等效点声源数目。由于噪声地图仿真的主要计算时间消耗集中在等效点声源到接收点的传播求解上，因此减少等效点声源的数目可在极大程度上减少计算时间消耗。在所有计算条件均相同的情况下（几何条件、传播环境、声源参数均相同），针对图 3-13 所示的接收点求解结果分别为 37.43dB（优化）和 37.51dB（未优化）。可见，二者差别只有 0.08 个 dB，可以忽略，对噪声地图绘制的整体效果基本没有影响。

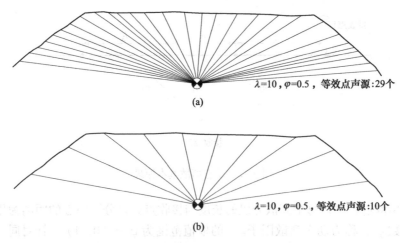

图 3-13　线声源优化预处理应用实例
(a) 未经过线声源优化预处理；(b) 经过线声源优化预处理

图 3-14 是采用了静态离散方法针对线声源的接收点求解和网格求解应用实例，其中 $l = 30$。由于静态离散法对于不同位置的接收点或不同位置的网格来说等效点声源的状态和位置均一致，因此在网格求解靠近声源的区域内，能够明显看出在等效点声源位置周围存在明显的局部高值，这使得近声源区域的网格求解效果不够均匀，与线声源自身的连续性效果有所差异。相比而言，线声源动态离

散可有效解决这个问题。图 3-15 所示为采用了动态离散方法对线声源的接收点求解和网格求解结果，其中 $\varphi = 0.3$。可以看出，由于针对不同位置的接收点或网格其线声源的离散点声源布置结果均不相同，因此噪声地图在近声源区域依然有比较好的连续性效果。

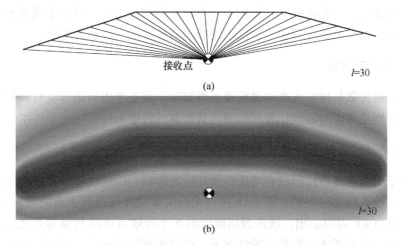

(a)

(b)

图 3-14 线声源静态离散求解应用实例

（a）针对接收点的仿真计算；（b）网格仿真计算

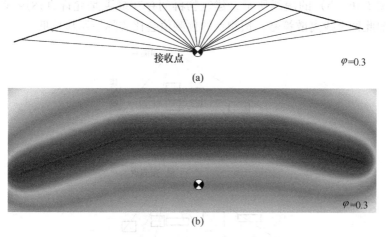

(a)

(b)

图 3-15 多源数据融合动态离散求解应用实例

（a）针对接收点的仿真计算；（b）网格仿真计算

通过图 3-14 与图 3-15 的比较可以看出，如果对近声源区域的求解效果要求不高，则静态离散和动态离散的求解效果基本一致，相对而言静态离散的求解过程更简单。但由于静态离散的离散步长不能体现出接收点位置与声源位置之间的距离关系，因此对于某些距线声源较远的接收点或网格点来说，线声源的离散点声源数目可能过多，从而导致求解变慢。这就需要针对不同距离的接收点设置不同的离散步长，求解过程反而变得烦琐。相反地，由于动态离散因子能够反映接收点到声源的距离关系，可以在近声源区域和远离声源区域都形成比较合适的等效点声源数目，因此比较适合大规模噪声地图的仿真求解。对于小规模噪声地图求解来说，如果声源较为密集，则采用静态离散方法求解速度更快。

3.2.5　带约束离散

带约束离散是指在线声源离散成点声源时，需要考虑周边环境对离散效果的影响，特别是考虑与测点位置和周围建筑物群的约束条件。

3.2.5.1　无约束离散的局限性

由于无约束离散过程没有考虑传播环境的影响，因此可能存在某些特殊位置会产生比较大的预测误差。图 3-16 按照无约束离散算法得到了离散点声源结果，由图 3-16（a）可以看出，线声源离散出的 5 个等效点声源与预测点之间均存在直达声线，在不考虑反射效应的情况下，该建筑物群是否存在对预测点的预测值没有影响，因此预测点的预测值会比实际值明显偏高。而图 3-16（b）则体现了另一种情况，5 个离散点针对预测点均无直达声线，全部按绕射声线计算，而事实上如图 3-16（b）的虚线所示，建筑物群间存在缝隙是允许直达声线通过的，因此按照此种声线离散策略，预测点的预测值会比实际值明显偏低。

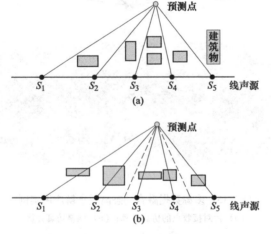

图 3-16　无约束离散的两种特殊情况

（a）预测值偏高；（b）预测值偏低

上述两种情况体现了无约束离散的离散误差，在周边环境存在障碍物的情况下，无约束离散并不能很好地对线声源的连续性进行等效。通过增加线声源离散点的数目可以减小离散误差，但会带来声线数目的增加，大幅降低计算效率。

3.2.5.2 基于障碍物投影的二次离散算法

为了解决无约束离散在预测点处产生的离散误差，可采用基于障碍物投影的二次离散算法将障碍物对声线的影响作为约束引入到离散过程中。

算法基本原理为：通过第一次离散将线声源分割成系列连续区域，每个区域内的所有点要么都存在针对预测点的直达声线，要么都不存在针对预测点的直达声线。然后将每个区域按照无约束离散方法进行二次离散，得到区域内的等效点声源集合。最后将所有的局部点声源集合合并，得到线声源的等效点声源集合。

算法步骤如下：

（1）图元定义。

定义 3.1 预测点：预测点为三维空间点，用 p 表示。

定义 3.2 线声源：线声源为三维空间中的线段，用下面参数方程表示，其中 p_0 和 p_1 为线声源两个端点。

$$X(t) = p_0 + t(p_1 - p_0) \quad (t \in [0,1]) \tag{3-4}$$

定义 3.3 有效障碍物集合：有效障碍物指以点 P 在水平面的二维投影 p 为投射中心，能够在线声源水平面投影线段上产生有效二维投影的障碍物（见图 3-17），用障碍物在水平面的投影多边形集合表示：$B = \{b_1, b_2, \cdots, b_n\}$。$B$ 中共 n 个障碍物，对于 $\forall b_i \in B$ 存在有序集合 $b_i = \{v_{i1}, v_{i2}, \cdots, v_{im}\}$，其中 v_{ij} 是障碍物 b_i 在水平面上投影 m 边形的第 j 个顶点。

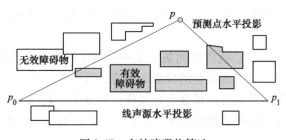

图 3-17 有效障碍物筛选

（2）有效障碍物二维投影区间求解。如图 3-18 所示，以二维点 p 为投射中心，求有效障碍物 b_i 在二维线段 p_0p_1 上的中心投影线段，该投影用投影线段参数方程的参数集合表示：$T_i = \{t \mid t \in [t_{i\_min}, t_{i\_max}]\}$ 表示，该集合中的元素与式（3-4）中的参数 t 等价。其中 t_{i_min} 和 t_{i_max} 的求解算法如下：

过障碍物多边形顶点 v_{ij} 与点 p 的平面直线参数方程为：$Y(s) = p + s(v_{ij} - p)$，线段 p_0p_1 所在线段参数方程为：$X(t) = p_0 + t(p_1 - p_0)$。$s_c$ 和 t_c 为两直线交点对应

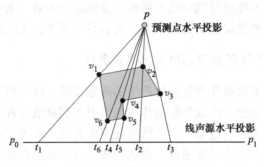

图 3-18 有效障碍物投影

的参数。

当两直线平行无交点时，根据二者方向向量的关系定义如下赋值规则：

$$t_{ij} = \begin{cases} 1 & ((v_{ij} - p) \cdot (p_1 - p_0) = 1) \\ 0 & ((v_{ij} - p) \cdot (p_1 - p_0) \neq 1) \end{cases}$$

当两直线有交点时，定义如下赋值规则：

$$t_{ij} = \begin{cases} 0 & (t_c \leq 0, \ s_c \geq 1) \\ 1 & (t_c \geq 1, \ s_c \geq 1) \\ t_c & (0 < t_c < 1, \ s_c \geq 1) \end{cases}$$

当 $s_c < 1$ 时，t_{ij} 无有效值。

由此针对该投影区间有：$t_{i\_min} = min(T_{ij})$，$t_{i\_max} = max(T_{ij})$，其中 T_{ij} 为有效的参数 t_{ij} 集合。

对集合 B 中的所有元素重复上述操作得到投影区间集合：$T = \{T_1, T_2, \cdots, T_n\}$，共 n 个元素。

（3）投影区间合并。投影区间集合 T 中的元素可能存在如图 3-19 所示的相接或重叠现象，对于相接或重叠的投影区间应进行合并，具体的合并算法如下：

首先定义投影区间集合的局部合并操作：若 $\exists T_p, T_q \in T$ 且 $T_p \cap T_q \neq \varnothing$，则可得到局部合并后的投影区间集 $T_{new} = (T - \{T_p, T_q\}) \cup \{T_p \cup T_q\}$。

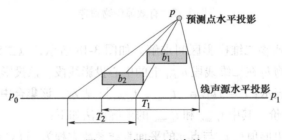

图 3-19 投影区间合并

将得到的新投影区间集合重复上述局部合并操作直到得到最终的独立投影区间集合 T_{final}。局部合并的终止判据为：对于 $\forall T_h, T_k \in T_{\text{final}}$ 有 $T_h \cap T_k = \varnothing$。

（4）第一次离散过程。根据独立投影区间集合建立一次离散分点的参数方程参数值集合 T_{segment}，满足下面条件：

条件 1：$\forall t \in T_{\text{segment}} \exists T \in T_{\text{final}}$ 使得 $t = \min(T) \bigvee t = \max(T) \bigvee t = 0 \bigvee t = 1$；

条件 2：$\forall T \in T_{\text{final}} \exists t_{\max}, t_{\min} \in T_{\text{segment}}$ 使得 $t_{\min} = \min(T) \bigwedge t_{\max} = \max(T)$。

对集合 T_{segment} 元素由小到大进行排序，重构成有序独立投影区间集合 $T_{\text{s\_order}}$。将 $T_{\text{s\_order}}$ 中的元素代入式（3-4），得到线声源一次离散分点的有序集合：

$$D_{\text{first}} = \{ d \mid d = p_0 + t(p_1 - p_0),\ t \in T_{\text{s\_order}} \}$$

（5）第二次离散过程。依次将集合 D_{first} 定义的子线段进行无约束离散，得到线声源二次离散分点有序集 D_{second}。该集合即为线声源的等效点声源位置集合。两次离散结果如图 3-20 所示。

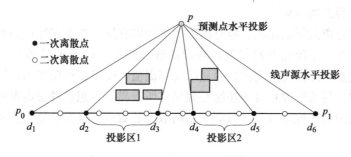

图 3-20 线声源的二次离散

3.2.5.3 二次离散算法分析

该二次离散算法面向三维对象，即空间中的预测点、线声源和障碍物，但出于计算效率方面的考虑，上节算法的步骤（2）和步骤（3）利用三维几何图元的二维投影完成，可能造成某些情况下的几何信息丢失，如图 3-21 所示。图 3-21（a）带有空洞的障碍物和图 3-21（b）较为低矮的障碍物在该算法中将会等价于图 3-21（c）的实心障碍物，而忽略空洞内或低矮障碍物上部可通过直达声线的情况。

在一般的环境噪声可视化应用中，其主要数据来源为 2.5 维 GIS 数据，即附带高度信息或地形信息的平面几何对象。其中，障碍物由平面多边形通过高度方向的拉伸而形成，一般不会出现图 3-21（a）所示的纵向空洞。针对图 3-21（b）中的低矮障碍物情况，可在步骤（1）中进行有效障碍物集合求解的过程中将其排除。

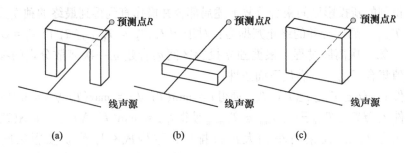

图 3-21　障碍物位置的 3 种形式

　　线声源离散根据其离散过程的不同分为静态离散和动态离散。静态离散不考虑接收点相对于线声源的位置。在整个求解过程中，只需要按照某种策略（最基本的离散策略为线声源平均分割）进行一次离散，后续所有预测点的声线路径计算完全根据此次的离散结果进行。本节使用的无约束二次离散算法属于动态离散，针对不同预测点，每条线声源都需要重新进行一次离散过程，其离散计算的效率要低于静态离散算法。

　　但与动态离散算法相比，静态离散算法的固有缺点在于在靠近声源区域离散特征较为明显，不能较好地等效线声源的连续特性。如图 3-22 所示，能够明显看出在等效点声源位置周围存在明显的局部高值，使得近声源区域的网格求解效果不够均匀，与线声源自身的连续性效果有所差异。若想在静态离散的状态下更好地逼近线声源的连续效果，只能增加离散点的数目，这样会使得声场计算耗时增加。

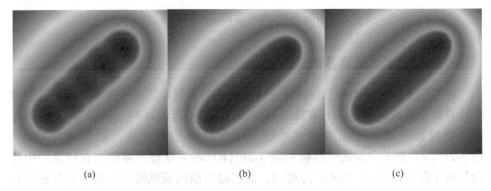

图 3-22　静态离散与动态离散效果比较

（a）静态离散（离散点数目：5；计算时间：28s）；（b）静态离散（离散点数目：20；计算时间：85s）；
（c）动态离散（二次离散算法；计算时间：32s）

　　一般而言，声线传播路径计算的耗时要远大于线声源离散的耗时，因此采用动态离散的方法可以在牺牲少部分计算效率的同时得到比较好的声场计算结果。

若希望静态离散声场的求解效果逼近动态离散的求解效果，就需要增加离散点的数量，这样也会导致计算效率的下降，如图 3-22（b）所示。

3.2.6 声线路径追踪

针对预测点的声线追踪过程如图 3-23 所示。每条声线路径的对预测点的贡献量按照式（3-1）计算，预测点的预测值是所有有效声线路径贡献量的能量叠加。声源离散的过程及算法已在上节介绍。图 3-22 所示的直达、绕射、反射这三类声线路径追踪过程与方法如下。

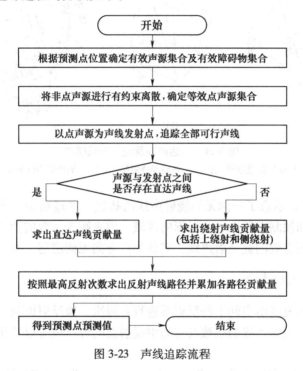

图 3-23 声线追踪流程

3.2.6.1 直达声线与绕射声线

如果预测点与声源点之间无障碍物遮挡，那么存在直达声线，否则只存在绕射声线。绕射声线一般考虑三条：上绕射、左侧绕射和右侧绕射。由于障碍物群的高度尺度范围一般与障碍物群的长度及宽度尺度范围相差较大，因此上绕射一般作为必选路径，而侧方绕射的声线是否存在则由障碍物群的空间分布状况而定。

图 3-24（a）（b）给出了障碍物和障碍物群的绕射声线求解模式，当且仅当满足以下条件绕射声线存在：

（1）绕射声线是空间中一个平面内的折线，起始点为声源点，终止点为预测点。

（2）连接绕射声线的起始点和终止点，可得到一个空间凸多边形。

（3）绕射声线与障碍物实体内部（不包括表面和棱线）无交点。

（4）除起始点和终止点外，绕射声线每一条子线段的两个端点必与某障碍物的表面或棱线相交。

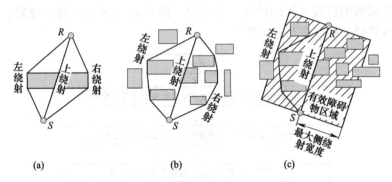

图 3-24　直达声线及绕射声线模式

（a）单障碍物绕射模式；（b）障碍群绕射模式；（c）侧绕射声线缺失模式

图 3-24（c）示意了一侧无侧绕射声线的状况。通过给定一个最大侧绕射宽度，过声源点和预测点建立一个矩形的区域，用来筛选有效的障碍物。如果在该区域内没有找到有效的侧绕射声线，则认为该方向无侧绕射，可不进行计算。

3.2.6.2　反射声线

从声源点出发经由空间中的反射面进行有限次镜像反射而到达预测点的路径称为反射声线。反射声线的条数与空间中反射面的数目位置以及用户定义的最大反射次数有关。

定义 3.4　反射面:反射面 $P_r = \langle G, \vec{n}, \sigma, m \rangle$ 为一个四元组。其中 G 为空间多边形，代表反射面的边界; $\vec{n}$ 为 G 的正面法向量; σ 为反射面的能量衰减系数，用于计算一条声线经过该反射面反射后损失的能量，是反射面的固有物理性质; $m \in \{0, 1\}$，为反射面反射属性标识量，$m = 0$ 时表示反射面只有正面有效，$m = 1$ 时表示反射面正反面都有效。

定义 3.5　有效反射面集合:有效反射面集合 $P_e = \{P_{r1}, P_{r2}, \cdots, P_{rn}\}$，共有 n 个元素，包含了给定声源点 S 和预测点 R 有效范围内的全部反射面。

定义 3.6　初始反射路径树:树 T_{path} 称为针对给定声源点 S 和预测点 R 的初始反射路径树。T_{path} 的结构如图 3-25 所示，具有如下性质:

（1）T_{path} 是 n 叉树，根为声源点 S，其余顶点为有效反射面，n 为有效反射面数目。

（2）T_{path} 的树高为 h，h 称为最大允许反射次数。

（3）从树根到其余顶点的路径称为反射路径。实际存在的声线反射路径称为有效反射路径，否则称为无效反射路径。

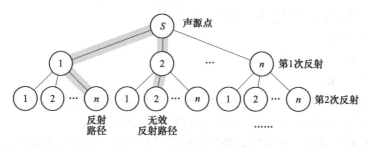

图 3-25　初始反射路径树

由上述定义可知，T_{path} 的 h 次反射路径的数目为 n^h，并随着 h 的增加呈指数级上升。在实际应用中，这将会占用大量的内存空间和计算时间。因此，有必要通过适当的剪枝算法，预先消除无效反射路径，以提高计算效率，使得大规模的声场计算成为可能。

剪枝算法共分为两步。

第一步为树生长剪枝：从 T_{path} 根节点开始控制树的生长规模，一旦发现某顶点为无效反射面，则不生成该顶点及其子树。

第二步为有效路径剪枝：通过有效反射路径树中的各个路径建立对应的声线几何路径，进行第二次剪枝。

在第一次剪枝过程中，无需对可能存在的声线几何路径进行计算，率先删除无效的反射面，同时也可能存在若干无效反射面未被删除的情况。通过第二次剪枝中的几何声线路径计算，精确确定所有可行的声线路径。

设当前需要判断的顶点反射面为 $P_{\text{rc}}=\langle G_{\text{c}},\ \vec{n}_{\text{c}},\ \sigma_{\text{c}},\ m_{\text{c}}\rangle$，而其父节点为 $P_{\text{rf}}=\langle G_{\text{f}},\ \vec{n}_{\text{f}},\ \sigma_{\text{f}},\ m_{\text{f}}\rangle$，从根节点 S 到 P_{rf} 的路径为 R_{sf}；从 S 开始，经过路径 R_{sf} 而产生的虚声源为 S'_{sf}，产生过程如图 3-26 所示。

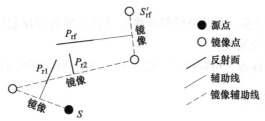

图 3-26　虚声源产生过程

第一次剪枝的判据如下：

判据 1：若 $c = f$，则该顶点为无效反射面。

判据 2：若 P_{rc} 的层数大于 h，则该顶点为无效反射面。

判据 3：若 P_{rc} 为单反射面，且 S'_{sf} 在 P_{rc} 的异侧，则该顶点为无效反射面。即要满足下列条件，其中 P_{gc} 为空间中一点：

（1）$m_c = 0$；

（2）$\vec{n}_c \cdot (S'_{sf} - P_{gc}) < 0$；

（3）$P_{gc} \in G_c$。

判据 4：如图 3-27（a）所示，设以 S'_{sf} 为中心投影投射点，G_f 在 G_c 所在平面的投影为 G'_f。若 $G'_f \cap G_c = \varnothing$，则当前顶点为无效反射面。

一次剪枝完成后，根据反射路径树生成反射声线。在声线生成的过程中，按照判据 5~8 进行第二次剪枝。

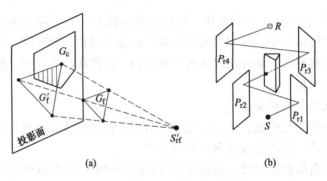

(a)　　　　　　　　　　(b)

图 3-27　判据 4 及判据 6 示意图

判据 5：反射点判据。在生成声线过程中，若某反射点不在对应反射面内，则证明该路径无效。

判据 6：障碍判据。如图 3-27（b）所示，生成的反射声线如果穿过某障碍物或反射面，则此路径无效。

判据 7：波长判据。如果路径中存在某反射面的尺度小于声波波长，则该路径无效。

判据 8：能量判据。若某条反射声线经过若干反射面反射后，能量衰减超过一个阈值，则此路径无效。

通过两次剪枝过程，可以得到最终的有效反射声线路径集合。

3.2.6.3　算法分析

在三类声线求解过程中，直达声线和绕射声线路径算法求解的效率与障碍物的数目有关，需要对障碍物进行遍历来确定是否存在直达声线和绕射声线。其算

法时间复杂度为 $O(n)$，其中 n 表示有效的声屏障数目。

反射声线路径的确定的算法复杂度为 $O(n^h)$，其中 n 为有效反射面数目，h 为初始反射路径树的高度，也是用户希望搜索的最大反射次数。一般而言，有效反射面为障碍物或声屏障的外表面，在一个求解区域内障碍物数目确定的情况下，算法复杂度为指数阶，当 h 增加时，计算时间将急速上升。特别是判据 5 和判据 6，分别需要判断折线顶点与空间平面的相交性以及空间折线与空间实体的相交性，均属于较高耗时操作。因此在第一次剪枝在反射路径树的构建过程中就消减无效声线路径可以有效地提高求解效率。

当用户指定合适的 h 值后，随着求解空间范围的增大（反射面数目 n 增加），算法时间复杂度为多项式阶。此种情况下可通过设定有效反射面筛选半径来将距预测点和声源过远的反射面排除在外（见定义 3.5），以提高计算效率。

通过一个实验来对上述声线算法的正确性进行验证。选取一块面积约为 $50000m^2$ 的实验区域进行实测与仿真对比实验。该实验区周边声环境较为简单，干扰声源较少。该试验区域内，主要声屏障为 2 组 4 层教学楼，其楼高约为 13m。如图 3-28（c）所示位置，设置球形点声源，距地面高度为 1.5m，声源源强经测量计算可等效为 125.6dB，所有计算和测量值均按照 125Hz 单频声进行。

本次实验采用 VirtualLab 软件内置的边界元算法与本章算法以及实地测量数据进行对比。其中，VirtualLab 网格划分数目约 19 万，求解时间约 24h。本章算法实验中，预测点数目约为 5 万，求解时间约 310s，最大允许反射次数为 8 次。二者 1.5m 高度处的二维声场温标图对比如图 3-28（a）和（b）所示。同时，通过选取 18 个虚拟测量点对仿真结果进行定量比较，虚拟测量点编号及分布图如图 3-28（b）所示。另外，实验小组在 18 个测量点中选取了 10 个测量点进行了实地测量，其测量点编号及分布如图 3-28（c）所示。具体测量数据见表 3-2，测量数据对比见图 3-29。

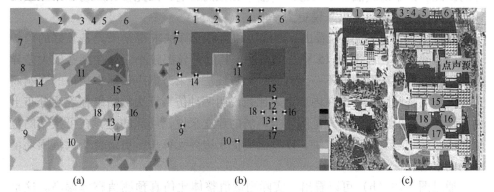

(a)　　　　　　　　　　(b)　　　　　　　　　　(c)

图 3-28　实验区边界元算法与声线算法比较

（a）VirtualLab（边界元）；（b）声线法；（c）实测环境

表 3-2　本章算法、边界元方法计算数据与实测数据　　　　　（dB）

测点号	VirtualLab	本章算法	实测值
1	57. 39	50. 97	77. 20
2	55. 85	59. 82	83. 20
3	56. 27	57. 38	63. 20
4	58. 14	56. 07	59. 70
5	35. 34	56. 77	66. 80
6	56. 28	62. 59	70. 60
7	41. 39	48. 82	—
8	48. 87	57. 76	—
9	62. 47	58. 73	—
10	56. 34	54. 74	—
11	68. 70	82. 16	—
12	52. 86	57. 00	—
13	57. 31	56. 31	—
14	54. 19	59. 15	—
15	43. 99	58. 82	56. 10
16	63. 22	56. 72	70. 90
17	59. 25	55. 34	67. 40
18	58. 54	56. 72	71. 20

　　通过图 3-28 的对比可看出，二者的宏观声场分布具有较好的趋势一致性，如求解区域上部（测点 1~6 附近）经多次反射造成的局部高值区域位置能够很好的匹配。由于射线法并未考虑声传播中相位的影响，因此整体声场分布区域相较于边界元法的求解结果来说更为平滑。

　　通过图 3-29（a）可以看出，声线法和边界元算法求得结果具备较好的趋势一致性，除 5 号、11 号和 15 号三个点外，其值差异都较小。存在某些较大差值原因与两种算法原理的不一致有关，如声线法并未考虑声传播中相位的影响而边界元法则将此因素考虑在内。上述比较说明两种仿真算法的结果在宏观分布上的一致性是较好的，对于大范围环境声场的建立来说，局部的差异在可接受的范围之内。从求解效率方面来讲，声线法要优于边界元算法，更适合于大范围环境声场的求解。

　　通过图 3-29（b）可以看出，实际测量值整体比仿真预测值整体偏高。这是由于户外环境有较强的背景噪声，并且无法避免意外声源的干扰，而仿真计算的结果只考虑设定的点声源，在距离声源较远的区域衰减很快。虽然绝对值有较大

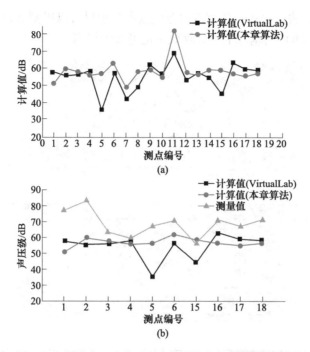

图 3-29 声线法、边界元方法计算数据与实测数据比较

（a）声线法与边界元方法仿真数据比较；（b）声线法、边界元方法与实测数据比较

差异，但在分布趋势上，仿真算法和实际测量值还是具备了较好的一致性，并且边界元方法相较于声线法而言其局部趋势与测量值匹配更好。

3.2.7 声线法计算案例

图 3-30 用连续温标图的形式给出了一个小区域噪声地图绘制算例，主要用来验证前文提出的有约束线声源离散算法。该算例包括一条多段线形式的道路声源以及周围若干拥有高度信息的多边形障碍物。

从图 3-30 可以看出，在没有障碍物干扰的区域，不同的离散算法均可以较好地等效线声源的连续性特征。从图 3-30（a）可见，采用无约束离散算法时在障碍物群背后出现了明显的杂乱条纹，该条纹即为由离散产生的预测误差。在图 3-30（b）中，为了减小预测误差，将离散因子由 0.5 减小至 0.1，以增加离散点的数量，提高求解精度。此时可以看出，条纹呈现明显的规律性，形成的声场分布基本符合线声源遭遇障碍物的传播规律，但依然拥有较为明显的离散误差。另外，此时离散声源点过多，造成了计算时间的大大增加。从图 3-30（c）中可以看出，采用了本章提出的有约束离散算法时，由于离散过程动态匹配了周围建筑物的分布状况，因此得到的声场计算结果基本规避了离散误差，特别是在障碍物群中，得到了平滑的声场分布效果，很好地对线声源的连续性进行了等效。另外，该算法针对每个预测点的等效点声源数目可以得到有效的控制，在效果优于图 3-30（b）的基础上，计算效率也可大大提高。

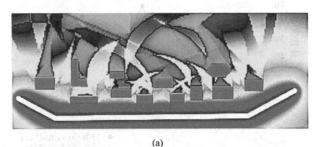

(a)

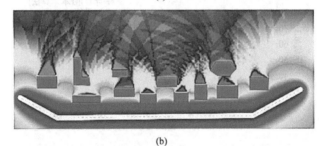

(b)

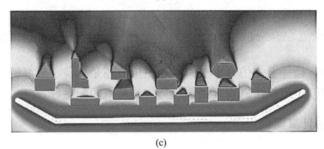

(c)

图 3-30　有约束离散与无约束离散对比

（a）无约束离散（离散因子：0.5；计算时间：170s）；

（b）无约束离散（离散因子：0.1；计算时间：567s）；

（c）有约束离散（离散因子：0.5；计算时间：182s）

图 3-31 给出了一个实验区交通噪声仿真求解的案例，该区域内分布有大量建筑物以及多条城市道路（被离散成了若干点声源）。在该区域居中部位设置一个预测点，图中求解出了所有到达该预测点的有效声线路径，包括直达声线、绕射声线和反射声线（最大允许反射次数为 2）。通过该案例可以看出，本章提供的声线追踪算法可以有效确定各种声线路径，能较好地解决复杂城市环境中的交通噪声预测问题。

图 3-31 给出了一个小区域内固定点声源的声线追踪状况。该实例中给定了 6 个接收点，点声源在该区域居中部位，主要用来验证多次反射路径求解过程。在

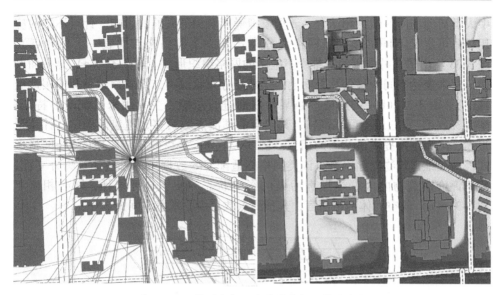

图 3-31 环境噪声与测点声线传播及仿真案例

该实例中，最大允许反射次数为 15，反射面为各个建筑物的侧面，均为单面反射面。通过图 3-32 可以看出，本章算法能够在复杂的街区环境中确定多次反射的声线路径。

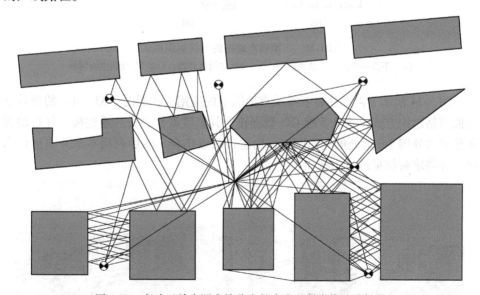

图 3-32 实验区单声源多接收点的多次反射声线追踪结果

二维噪声地图本质上是三维噪声地图的切片数据，适合表达不同高度的大范围声场的宏观特性，运用范围最广。而三维噪声地图技术需要将声场与 GIS 数据中人类活动场所的信息相结合，着重模拟噪声对局部人群的影响。针对不同的应用场景可定义不同的预测点网格划分模式（一个网格格点代表一个预测点）。图 3-33 给出了几种常用的三维噪声地图的网格组织形式。图 3-33（a）是平面网格，用来表达空间中某切片平面上的噪声场分布状况（二维噪声地图即使用此类网格）。图 3-33（b）的网格按照某种曲面进行组织，主要用来适配地形特征。图 3-33（c）是三维空间体网格，其包含的预测点数目多，覆盖范围广，计算量很大，可为用户提供最全面的信息。图 3-33（d）是目前主要应用的 3D 网格形式，即三维建筑物立面网格。该类网格能适配 GIS 数据中的人造建筑物外立面，用于评价建筑物内人群受噪声污染的影响状态，便于环评统计，同时相比于图 3-33（c）的空间体网格而言，其预测点数目少，求解时间短。

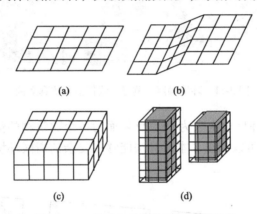

图 3-33　三维噪声地图的网格组织形式
（a）平面网格；（b）曲面网格；（c）3D 空间体网格；（d）3D 建筑立面网格

　　图 3-34 演示了声线法在三维噪声地图中的应用。按照图 3-33（d）的建筑物立面网格组织方式，将 2.5 维 GIS 数据按照其高度属性进行三维建模，并自动适配形成其外墙 1m 远处的立面网格，构建预测点集合。然后利用本章算法进行求解，并将求解结果进行可视化。

图 3-34　建筑物立面噪声场算例

3.3 声源反演与修正计算

当前阶段,噪声地图的绘制技术已由传统的二维噪声地图逐渐转变为具备宏观统计特性的三维噪声地图,其面对的一个主要问题就是宏观预测误差。由于噪声地图往往覆盖大面积区域,较难保证涉及的环境信息、地理信息和相关的交通或非交通声源信息准确而全面,可能会产生较严重的区域性甚至整体性的预测误差。另外,噪声地图绘制的周期很长,可能花费数月甚至一年的时间,因此噪声地图的实效性难以保证,与实时噪声分布状况难免出现差别。目前在国外噪声地图修正更新的实践中,一般利用移动或固定的监测点来记录预测模型必要的各类输入参数,如车流量、源强值、气象条件等,利用这些参数更新预测模型的相关输入参数,进行噪声地图整体或局部的重新计算。这类方法某种程度上是通过改变预测模型输入参数进行噪声地图的局部重绘,并没有充分利用原始噪声地图的求解结果,其实施过程比较烦琐,人力成本和设备成本都很高。

为了解决上述问题,一般的计算软件都发展了通过监测点来反演声源特性,进而进行更新计算的方法。这些方法通过对各声源对应的监测点位置进行预测求解来得到一个衰减系数矩阵,通过此矩阵和各监测值的共同作用来反求声源点的源强。该方法虽求解过程比较简便,但只能较好的处理点声源。对于道路源来说,其针对一个预测点的衰减量是很难用一个衰减矩阵中的单一值来表示的。同时此方法在求解衰减矩阵时需要针对每个预测点都重新计算一张单声源噪声地图,计算量同样很大,不适用于大规模噪声地图的修正和更新计算。

另外一种基于监测数据的声源特性反演及噪声地图修正算法利用有限的监测数据进行源强修正,无需对预测模型进行更改,并能够处理道路声源在计算过程中的离散化状态,使得更新区域符合预测模型的声传播规律。

3.3.1 误差来源

交通噪声地图的绘制主要依赖于城市环境下的交通噪声预测模型。预测模型主要包括声源模型和传播模型两部分。声源模型将基本交通流信息(如车型源强、车流量、车速、车道数、车型比例及路面状况等)转化为交通噪声源的源强。预测点的预测值由源强经过一系列修正得来。传播模型负责对声源到预测点之间的噪声传播过程中的各修正项进行计算。传播模型中修正项的构成往往十分复杂,并且与城市地理环境信息紧密相关,如大气吸收、地形变化、建筑物的遮挡、各种绿化带的影响都会影响噪声传播过程。因此,大规模噪声地图绘制需要结合地理信息系统(GIS)等技术手段来融合多源异构数据,结合预测模型对城市网格中的各个格点做预测求解,最后整合为完整的噪声地图供噪声管理使用。

ISO 9613 模型给出了户外声传播衰减计算的基本形式：

$$L_p(r) = L_p(r_0) - (A_{div} + A_{atm} + A_{gr} + A_{bar} + A_{misc}) \tag{3-5}$$

式中　　$L_p(r)$ ——预测点 r 处的声压级，dB；

　　　　$L_p(r_0)$ ——已知距离无指向性点声源参考点 r_0 处的倍频带声压级，dB；

　　　　A_{div} ——几何发散引起的衰减；

　　　　A_{atm} ——大气吸收引起的衰减；

　　　　A_{gr} ——地面效应；

　　　　A_{bar} ——声屏障衰减；

　　　　A_{misc} ——其他衰减。

噪声地图绘制首先需要对各类计算所需的初始信息进行汇入，包括声源模型和传播模型建模所需的交通数据、地形数据和环境数据等。其次是进行噪声地图网格建模。然后是进行预测模型建模和求解参数的设定。此阶段需要通过汇入的各类数据建立声源模型，并对传播模型计算需要的各类影响因素进行表达（如声屏障、建筑物和地形的建模等），还要设定计算中的各类参数，如声源影响范围、求解精度等。最后为噪声地图求解的过程，主要是根据预测模型对各个预测点进行计算。由于计算量大，此过程一般通过并行计算等高性能计算方法来完成。噪声地图求解完成后，需要依据城市环境监测点提供的测量数据来对结果进行评价，通过对测量值和预测值的比较来判断该噪声地图计算结果是否可以被接受。如果误差较大，需要分析误差的产生原因，对计算过程进行修正，重新计算以得到满意的结果。最终计算完成后对外发布噪声地图及其各种统计数据。

如第 2 章介绍的，噪声地图中的预测数据与监测点的实测数据的比较过程中，可能产生比较大的误差，误差主要有 3 个来源，即预测模型的准确性、声源信息的准确性、传播模型和传播路径的准确性。

其中预测模型的准确性与声源信息的准确性和传播路径的准确性具有耦合性。因为预测模型的预测过程本身就包括了声源信息和声传播环境信息两类参数。针对预测模型的修正很可能也涵盖了对声源信息和传播路径信息不准确的修正。一般建立一个修正预测模型需要进行大量的实验，并测量各类声源数据，周期很长。针对传播路径不准确的修正则依赖于地理测绘和环境监测技术的数据精度和数据更新速度的改善，涉及的面比较广。而通过噪声监测点提供的监测数据来对声源信息的准确性进行修正成为噪声地图快速修正更新的一个比较理想的手段。

3.3.2　声源反演算法

基于监测数据的声源反演本质上是交通噪声预测的逆过程，监测点的测量数据很可能是附近若干交通干道共同影响的结果，也可能主要只受一个道路声源的影响，这需要在声源反演的过程中加以判定。另外，预测模型中的声源参数也很多，仅靠噪声监测点这一类测量数据很难进行反演求解。因此将交通道路对象作为声源特性的等效载体来进行反演计算，将各类声源特性参数转化成单一的声源特性参数：道路声源的单位长度声功率级。具体的假设和限定条件如下：

（1）道路声源属于一类特殊的理想线声源，噪声能量辐射分布均匀，整个声源的声源特性可以用单位长度声功率级来表示。

（2）在计算过程中，将理想线声源按照一定分割原则离散成若干理想点声源，形成线声源对应的点声源集合，进行等价计算。该集合中所有点声源的声功率和等于线声源的总声功率。

（3）一个测量点的测量声压级和预测声压级都会受到不同声源的综合效应的影响。如果某个可描述的声源对测点的能量贡献值最大并超过一定比例，则认为此声源为该测量点的主要影响声源。在声源反演过程中，只对测量点的主要声源进行反演。

限定条件（2）实际上描述了目前噪声地图求解中传播模型实现的一种通用技术，即线声源的离散化（也称为线声源的分割）。一般传播模型的实现都会采用线声源动态离散算法，即线声源的分段策略与预测点和线声源的相对位置有关，同一条线声源针对不同的预测点会有不同的分段结果，若反演算法不能匹配相应的动态离散策略，就不能正确反演出线声源的声源特性。因此，在反演计算过程中，必须针对测量点的位置对每条相关线声源进行分割计算，记录线声源的离散化后的具体几何信息，包括各分段等效点声源的位置和等效线段的长度。

由于目前的环境噪声监测设备无法识别全部噪声源位置，只能记录单一的测量值，因此必须通过预测计算来初步判断求解范围中各个点的影响声源贡献量比例构成，并以此作为监测点的布点位置参考依据，尽量使得监测点能够最大程度反映其主要监测对象（如某条道路）的声源特性，这样在反演过程中，依照上述假定条件（3）给出的反演算法才会有比较好的反演效果。

另外，较大规模的噪声地图项目范围内往往部署多个监测点，如存在某声源同时为两个以上监测点的主要声源，就会出现在反演计算过程中反演值冲突的情况，即不同监测点对同一个声源的反演值可能是不同的。出现这种情况一般有两种可能性：第一是监测点布局不合理，对某条声源进行了重复监测。这种情况下一般可采用均值化处理，即将不同监测点求解出的声源特性进行能量平均处理。第二是该声源覆盖面积广，一个监测点无法满足监测要求。这就需要在预测求解前将该段声源按照监测点的分布分割成若干段，按照多个线声源处理，并保证与各个监测点相对应。

3.3.2.1 反演算法相关定义

根据上述反演原理中的假定和限制条件，针对反演算法做如下定义：

定义 3.7　声源作用半径 r_e，指一个声源的最大有效作用半径，超过此半径的声源不参与求解计算。

定义 3.8　监测点集合 $\mathbf{M} = \{m_1, m_2, \cdots, m_{n_1}\}$，$m_i$ 为第 i 个监测点，求解区域内监测点数目为 n_1。

定义 3.9　针对监测点 m_i 的有效声源集合 $\mathbf{S}_i = \{s_{i1}, s_{i2}, \cdots, s_{in_2}\}$，$s_{ij}$ 为 m_i 的第 j 个有效声源，求解区域内监测点 m_i 有效声源数目为 n_2。在这里有效声源指在以 m_i 位置为圆心，以 r_e 为半径的圆心区域内的声源。

定义 3.10　针对监测点 m_i 的有效声源贡献值集合 $\mathbf{L}_i = \{l_{i1}, l_{i2}, \cdots, l_{in_2}\}$，$l_{ij}$ 为 m_i 的第 j 个有效声源 s_{ij} 对 m_i 的声压级贡献量。

定义 3.11　针对监测点 m_i 的预测声压级 L_{Pi}，由定义 3.9 可得到下式：

$$L_{Pi} = 10\lg\left(\sum_{t=1}^{n_2} 10^{l_{it}/10}\right) \tag{3-6}$$

定义 3.12　声源贡献率 c_{ij}：m_i 的第 j 个有效声源 s_{ij} 对 m_i 的预测声压级贡献能量的比值，按照下式计算：

$$c_{ij} = \frac{10^{l_{ij}/10}}{\sum_{t=1}^{n_2} 10^{l_{it}/10}} \tag{3-7}$$

定义 3.13　有效声源的离散点声源集合：$\mathbf{P}_{ij} = \{p_{ij1}, p_{ij2}, \cdots, p_{ijn_3}\}$，$m_i$ 的第 j 个有效声源 s_{ij} 离散为一系列的点声源，并且这些点声源中对于 m_i 来讲是有效点声源的声源集合。此处要说明的是，一个有效声源离散出的点声源并不一定都是有效点声源。例如某线声源的一部分处于监测点的有效区域内（半径为 r_e 的圆形区域），而另一部分处于监测点有效区域外。则处于有效区域外的这部分线声源离散出的点声源也处于有效区域外，则不能称之为有效声源。

定义 3.14　有效声源的离散点声源信息集合 $p_{ijq} = \langle h_{ijq}, a_{ijq} \rangle$，用一个二元组来表达 $\mathbf{P}_{ij}$ 中各元素在预测求解中需要 m_i 记录的信息内容。其中 p_{ijq} 是 $\mathbf{P}_{ij}$ 中的第 q 个元素。h_{ijq} 为 p_{iiq} 等效的线声源分段的长度，a_{ijq} 为 p_{ijq} 到 m_i 的噪声辐射衰减量。

在噪声地图绘制过程中存在大量的声源贡献值叠加计算以及线声源的单位长度声功率级与总声功率级的转换计算，需要遵循下面两个方程式。

（1）接收点处针对 n 个不同声源贡献声压级分量的叠加：

$$L_{all} = 10\lg\left(\sum_{i=1}^{n} 10^{L_i/10}\right) \tag{3-8}$$

式中　L_{all}——叠加后的总声压级；

　　　L_i——第 i 个声源贡献的声压级分量。

（2）根据给定的单位长度声功率级，求出指定长度线声源的总声功率级：

$$L_{line} = 10\lg(10^{L'/10}l) \Rightarrow L_{line} = L' + 10\lg l \tag{3-9}$$

式中　　L_{line}——线声源总声功率级；

　　　　L'——线声源单位长度声功率级；

　　　　l——线声源长度。

3.3.2.2　计算实施步骤

针对噪声地图中的若干交通声源及监测点，其反演计算和更新求解步骤如下：

（1）监测点预测声压级求解。在指定求解区域内，对监测点集合 **M** 内的元素依次进行噪声预测仿真求解。仿真求解过程中，求出监测点 m_i 的有效声源集合 S_i 以及有效声源贡献值集合 L_i。根据 L_i 求出 m_i 的预测声压级 L_{Pi}。

（2）监测点最大影响声源确定。针对 m_i 求出其对应的 L_i 集合中具有最大值的元素 l_{ik}，则声源 s_{ik} 称为监测点最大影响声源。

（3）监测点对其最大影响声源反演可靠性的确定。根据式（3-7）求出监测点 m_i 最大影响声源 s_{ik} 的声源贡献率 c_{ik}。当满足 $c_{ik} \geqslant e$ 的条件时，则认为通过监测点 m_i 来对声源 s_{ik} 进行的反演求解是可靠的，称 s_{ik} 为 m_i 的主要声源。其中 $e \in [0,1]$，表示最大影响声源对监测点的影响程度，具体数值由用户确定。e 值越大，表明用户对反演的可靠性要求越高。当 c_{ik} 的值满足上述不等式，则认为 s_{ik} 是 m_i 的主要声源，并且可以通过 m_i 对 s_{ik} 进行反演求解；若不满足上述不等式，则认为 m_i 没有占据绝对统治地位的主要影响声源，即没有主要声源，因此利用 m_i 对任何声源进行反演求解其结果的可靠性不高。

（4）主要声源传播信息求解及记录。在确定了 m_i 拥有主要声源 s_{ik} 的基础上，以 s_{ik} 为声源，以 m_i 为接收点，做噪声预测仿真求解。在求解过程中根据定义 3.13 记录保存声源 s_{ik} 的离散点声源集合 P_{ik}，并保存其声源点信息，结果为：

$$P_{ik} = \{\langle h_{ik1}, a_{ik1}\rangle, \langle h_{ik2}, a_{ik2}\rangle, \cdots, \langle h_{ikn}, a_{ikn}\rangle\}$$

式中，P_{ik} 中共有 n 个元素。

（5）求出 m_i 处主要声源外其他声源的贡献量 L_{Eik}。L_{Eik} 表示 L_{Pi} 中除去主要声源 s_{ik} 贡献量剩余的值，由下式确定：

$$L_{Eik} = 10\lg(10^{L_{Pi}/10} - 10^{l_{ik}/10}) \tag{3-10}$$

（6）获取监测点 m_i 实测数据。通过监测点 m_i 实测数据的收集整理，获取与仿真预测时间参数相等的测量数据，转换为监测点的实测声压级均值，记为 L_{Mi}。

（7）利用 m_i 实测值 L_{Mi} 对其主要声源 s_{ik} 进行反演计算，主要目的是求出能够反映 s_{ik} 声源特性的单位长度声功率级 L'_{ik}。

反演过程主要是对下面的反演方程进行求解：

$$F(L'_{ik}) = 10^{L_{Eik}/10} + 10^{G(L'_{ik})/10} - 10^{L_{Mi}/10} = 0 \tag{3-11}$$

$$G(L'_{ik}) = 10\lg(10^{L'_{ik}/10} \sum_{t=1}^{n} (h_{ikt} \, 10^{-a_{ikt}/10})) \qquad (3\text{-}12)$$

由式（3-11）及式（3-12）可求出 L'_{ik} 值为：

$$L'_{ik} = 10\lg(10^{L_{Mi}/10} - 10^{L_{Eik}/10}) - 10\lg \sum_{t=1}^{n} (h_{ikt} \, 10^{-a_{ikt}/10}) \qquad (3\text{-}13)$$

（8）利用反演结果进行局部修正更新计算。利用声源 s_{ik} 的反演结果，即新的声源特性 L'_{ik}，进行局部噪声地图更新求解，求解范围为以声源 s_{ik} 为基础以半径 r_e 扩展的扩展区域内的所有格点。

3.3.3　修正更新算例

为了演示声源反演算法及修正计算过程，对一个小型示范区进行噪声地图求解、反演及修正计算的仿真实验。

本实验中，示范区道路、建筑物等信息来源于基于真实测量值的 GIS 数据，建筑物数目为 1748 个（附带高度信息），主要道路为 4 条，示范区面积约为 1.75km²。主要道路的车流量信息见表 3-3，其中小型车平均车速为 60km/h，大型车平均车速为 50km/h。这些道路在求解过程中将被作为交通声源处理，用 $\mathbf{L} = \{l_1, l_2, l_3, l_4, l_5\}$ 表示。

表 3-3　道路声源属性信息

道路名	道路编号	小型车流量 /辆·h⁻¹	中大型车流量 /辆·h⁻¹
道路 1 北段	1	7468	24
道路 1 南段	2	7468	24
道路 2	3	586	6
道路 3	4	8188	42
道路 4	5	595	2

在软件环境中，针对求解的示范区域设置了 6 个虚拟监测点，从 1 到 6 进行编号，用集合 $\mathbf{M} = \{m_1, m_2, m_3, m_4, m_5, m_6\}$ 表示。各个监测点的具体位置如图 3-35 所示。其中，m_1 和 m_2 靠近道路 1 南段、m_3 靠近道路 1 北段、$m_4 \sim m_6$ 靠近道路 2。其中 m_1 和 m_4 与临近道路之间存在建筑物遮挡。

3.3.3.1　算例的实施步骤

下面列出具体反演修正计算实验的实施步骤：

（1）据表 3-3 中的交通信息和汇入的 GIS 数据，在软件中对示范区进行噪声地图预测求解计算，计算结果如图 3-35 所示。在噪声地图的计算过程中，求解

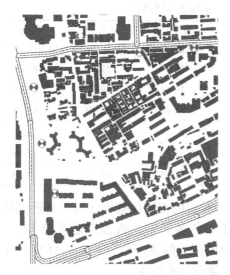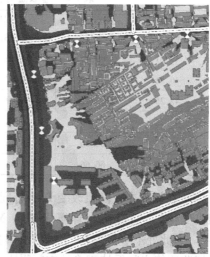

图 3-35 求解区域主要道路监测点位置和初始计算结果

出了 **M** 集合内各个监测点位置的预测值（见表 3-4 和表 3-5），同时还求出了各个监测点的有效声源集合及有效声源贡献值集合。

（2）求解出 **M** 各元素对应的最大影响声源和最大影响声源的贡献率（取 $e=0.5$，见表 3-4）。

（3）在软件中针对 **M** 中各元素进行单独的预测求解，记录求解过程中的主要声源离对应的离散点声源集合，保存离散点对应信息，并记录非主要声源的贡献量。

所有上述信息记录在软件的内部对象属性变量中。

表 3-4 反演及修正实验过程信息及实验结果

实验编号	反演测点编号	测点主要影响声源	测量值/dB(A)	测点处预测值/dB(A)	测点处修正值/dB(A)	测点主要声源贡献率	原始绑定声源作用值/dB(A)
1	1	l_2	46.59	45.12	47.61	0.57	42.71
2	2	l_2	68.82	66.63	68.06	0.95	66.38
3	3	l_1	68.71	66.37	68.29	0.97	66.22
4	4	l_3	52.28	45.57	53.37	0.53	42.78
5	5	l_3	67.14	59.19	67.57	0.82	58.32
6	6	l_3	71.68	63.00	71.83	1.00	63.00

表3-5   虚拟监测点处的修正实验结果

实验编号	测点1处 修正值/dB(A)	测点2处 修正值/dB(A)	测点3处 修正值/dB(A)	测点4处 修正值/dB(A)	测点5处 修正值/dB(A)	测点6处 修正值/dB(A)
1	47.61	69.46	66.55	45.69	59.19	63.08
2	46.56	68.06	66.47	45.64	59.19	63.08
3	45.25	66.82	68.29	46.69	59.19	63.08
4	45.12	66.66	66.48	53.37	68.24	72.65
5	45.12	66.66	66.46	52.75	67.57	71.96
6	45.12	66.66	66.46	52.63	67.44	71.83

（4）在软件中，随机改变 **L** 中各元素对应的交通信息值（模拟交通流状态的随机变化），通过仿真计算求解为 **M** 中的各元素生成虚拟监测值 L_{Mi}，见表3-4。在此处不直接为 **M** 生成随机虚拟监测值的原因是为了保证 **M** 中各元素的虚拟监测值之间保持正确的空间噪声传播分布关联性。

（5）对 **M** 中的每个元素求解反演方程，并针对不同监测点的监测值对该示范区进行反演和修正计算，形成6组计算结果。对这6组结果进行比较，对反演及更新算法的特点和性能进行分析。

3.3.3.2   算例结果分析

在6组实验中，每组实验都选择1个监测点及其对应的主要影响声源作为反演对象，并按照反演结果对整个求解区域进行更新计算。

如图3-36所示，在6次实验中，相对于原始的预测值，监测点位置的更新计算值与实际测量值更为接近，能够很好地反应监测点的测量结果。通过图3-36

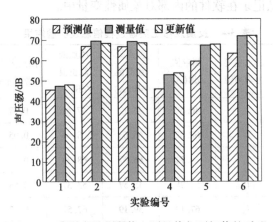

图3-36   监测点处预测值、测量值与更新值的对比

可以看到，每次实验中的测量点处的修正误差均在 1.1dB 以下，保持了一个很低的水平。其中，测量点 m_1 和 m_4 的修正误差明显大于其他 4 个测量点。通过表 3-4 可以看出，6 个监测点的主要声源影响率都在 0.5 以上，其中测量点 m_1 和 m_4 的主要声源影响率比较低（低于 0.6），其原因主要有两个：一是这两个监测点与其主要声源之间存在建筑物，噪声传播会产生比较强烈的衰减，其主要声源的贡献量相应减少。二是因为在距离这两个监测点较近的地方有其他的强源存在，如针对 m_1 有 l_4 存在，而针对 m_4 有 l_1 存在，大大削弱了其主要影响声源的贡献比例。结合图 3-37 和表 3-5 我们可以看出，较低的主要声源影响率会导致较大的修正绝对误差（m_1 和 m_4 的主要声源影响率最低而其对应修正绝对误差最大）。因此在实际测量中，需要对监测点的位置加以优化以减小误差，主要原则是接近目标声源，远离其他强源，并且尽量避免建筑的遮挡。

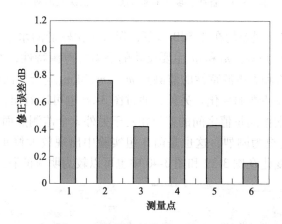

图 3-37　监测点处的修正误差比较

在实际应用中，监测点的布置受多种因素影响，可能无法按照理想位置部署，此种情况下可有下述两种处理方式：通过提高 e 值将不可靠的监测点剔除，使之不参与整体更新过程，而该局部区域内的预测误差通过建立移动监测点或临时监测点进行实测解决。这就需要提高噪声地图更新的时间成本和经济成本。根据定义 3.10 给出的有效声源贡献值集合中各值的比例关系对预测误差进行分配，再利用反演方程对其多个影响声源进行反演。此方法应用的前提是涉及的声源具有比较好的源强同步性，即同步增强或同步减弱。若声源间关联性不强甚至属于负相关，则此方法不适用。

由图 3-38 可见，首先，靠近每个实验对应预测点较近的点修正误差较小，如实验 1~3 中，m_1、m_2 和 m_3 位置的修正误差要明显小于 m_4、m_5 和 m_6 位置的修正误差。

其次，除了实验 1~3 中 m_4、m_5 和 m_6 位置处的修正误差较大以外（在 7dB 左

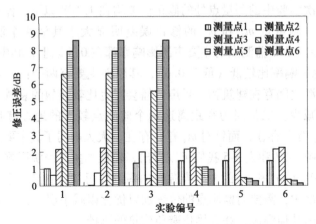

图 3-38　各次实验中各监测点处修正误差的对比

右），其他位置修正误差均在 2.5dB 以下，保持了比较低的水平（与预测误差相比）。这主要是因为 m_4、m_5 和 m_6 主要反映的是 l_3 的声源特性，而在实验 1~3 中是利用能够反映 l_1 和 l_2 声源特性的监测点 m_1、m_2 和 m_3 进行反演更新计算的，并没有兼顾到 l_3 声源特性的变化。另外，通过图 3-36 也可以看出，m_4、m_5 和 m_6 位置处的预测值与虚拟测量值之间的差值相对于另外 3 个监测点而言更大，这说明 l_3 的声源特性变化更为剧烈，这也是前 3 组实验中出现较大修正误差的原因。l_3 声源特性的剧烈变化在图 3-39 和图 3-40 中也可以较为明显的看出。

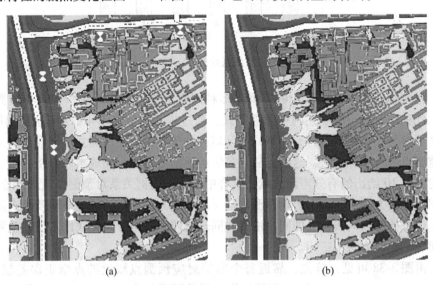

图 3-39　实验 1 修正噪声地图与原始噪声地图的对比

（a）预测计算声场分布；（b）基于监测点 1 的修正声场

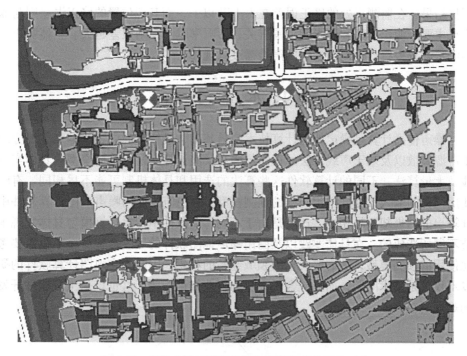

图 3-40 实验 4 修正噪声地图与原始噪声地图的对比

由图 3-39 可以看出，l_1 周边区域更新地图的变化较为明显，而随着距离的增加，更新地图与原始预测地图基本噪声分布趋势保持一致。从图 3-40 中可以看出，l_3 声源特性变化较为剧烈，更新图与原始预测图有较为明显的趋势差距，效果较为明显。

针对上述的反演修正方法可以得出以下分析结果：

（1）在监测点位置布置合理（主要声源影响率较大）的情况下，能够有效地通过监测值反映出主要声源的声源特性变化，并能够较好地对声源周边地区的噪声分布状况进行修正预测。

（2）难以通过单一的监测点对大范围的区域进行反演修正，在监测点对应主要声源影响范围之外的预测点会产生较大的修正误差，因此应该利用多监测点，进行局部地图反演修正，再进行整体拼合。

（3）监测点的部署位置对修正结果有一定影响，监测点应该放置在接近目标声源，远离其他强源，并且尽量避免建筑遮挡的位置。

上述方法在噪声地图修正计算过程中，利用了原始求解过程中的大部分计算数据，避免了全部重新计算的时间损耗。算法实验分析表明，该算法能够有效地利用监测点的监测数据来反演其主要声源的声源特性，而无需重新设置预测模型的输入参数。通过修正声源进行的噪声地图修正计算能够较好地体现出监测点的测量结果，在监测点处的修正误差在 1.1dB 以下，而其他位置的修正误差则与监测点主要声源影响率和其影响范围有关，影响率越小，则误差越大。整体噪声地图的求解效果符合预测模型中的声传播衰减规律。

3.4　本　章　小　结

噪声传播计算是噪声地图计算技术中最基础、最核心的内容。本章主要介绍了声源离散以及基于声线方法的正向传播和反演计算问题。传播模型的具体实现涉及大量算法，不同的计算软件这些算法的选用和具体机制可能不尽相同。有时使用同样的输入数据并选用同样的预测模型，在主流的商用噪声地图计算软件中计算出的结果却不尽相同，这就是由于不同厂商软件中传播计算模型具体实现细节不同所造成的。在具体实践以及商用噪声地图软件的研发过程中，不仅需要考虑使用的预测模型，更需要大量的领域经验的积累。因此噪声地图计算软件的研发不仅仅是技术问题，而且包含了大量的行业知识问题。这也正是工业软件开发的难度所在。

4 工业噪声仿真

<<<<<<<<<<<<<<<<<<<<<<<<<<<<<<<<<<<<<<<<<<<<<<<<<<<<<<<<<<<<<

4.1 变电站噪声源特点

相比交通噪声而言，工业噪声和生活噪声的类型更为复杂多样，例如工厂噪声、建筑施工噪声和电磁噪声等。总体来看，大范围工业噪声和生活噪声的仿真难度要远大于交通噪声，这是因为工业噪声和生活噪声的声源构成过于复杂并且难以标准化。每一个细分领域都需要建立专门的声源模型，体系十分庞杂。本章仅以变电站和换流站噪声预测为例，以点带面的介绍工业噪声仿真的基本内容和关键技术。

变电站的电力设备主要包括交流变压器、高压并联电抗器（简称高抗）、低压电抗器与电容等。国内外变电站实际测量普查的结果表明，交流变压器、高压电抗器以及一些散热（冷却）设备是交流变电站中最主要的噪声源，其他设备噪声较低。

110kV 和 220kV 中小型交流变电站大部分位于人口较多的城区，周围交通和环境噪声较大，同时大部分城区变电站已将变压器等噪声较大的主设备安放在室内或地下，因此城区变电站的站界噪声总体与周围背景噪声水平相当。500kV以上中大型交流变电站及直流换流站主要位于郊区，周围人口密度相对较低，变电站站界噪声水平与站内设备的噪声水平和位置密切相关。

4.1.1 电力变压器噪声机理

电力变压器是根据电磁感应原理制造出来的电气设备。它的结构可分为内外两部分，外部结构主要是由油箱、冷却装置和套管等部件组成，内部结构主要是由铁芯、绕组及必要的组件等组成，如图 4-1 所示。根据变压器的容量、电压的不同，其铁芯、绕组、绝缘、外壳和必要的组件的结构形式也会有所改变。

电力变压器的噪声主要由电力变压器本体噪声和冷却系统产生的连续性噪声两部分组成。电力变压器本体噪声主要是铁芯、绕组等在电磁力的作用下产生的振动，然后通过传递给电力变压器油箱外壳振动辐射的噪声，电力变压器铁芯和绕组在电磁力作用下产生以 100Hz 为基频，并包含两次以上高次谐频的振动噪声，频谱分布范围一般在 100~500Hz。冷却系统的噪声主要是风机运转时产生的空气动力噪声，其频谱特征中一般会包含明显的叶片频。

图 4-1　三相电力变压器器身

电力变压器本体振动是通过绝缘油及支撑固定件传递给变压器外壳振动，然后由外壳振动辐射噪声。油浸式电力变压器的噪声辐射基本过程如图 4-2 所示。

图 4-2　变压器本体噪声产生过程

电力变压器的本体噪声在通常情况下主要取决于铁芯和绕组的振动噪声。当变压器存在直流偏磁时，其噪声频率会同时含有电源频率的偶次和奇次谐波分量。对于容量不同的电力变压器，它的铁芯噪声频谱也会有所不同。其特征是，当变压器的额定容量越大时，铁芯噪声中的基频所占的比例就越大，相比谐频分量会越小；当变压器的额定容量越小时，铁芯噪声中的基频成分就越小，其谐频分量会越大。

中国科学院声学研究所的科研人员通过理论分析与实际测量，初步定量分析了变压器空载噪声随空载电压的变化关系、负载噪声随短路电流的变化关系以及加压后负载噪声随负载电流的关系，得到以下结论：

（1）变压器空载噪声基频及谐频总声功率与空载电压的四次方成线性关系。

（2）变压器空载噪声各频率单独的声功率与空载电压的四次方无线性关系。

（3）变压器负载噪声声功率与短路电流的四次方成线性关系。

（4）加入额定电压后变压器负载噪声声功率与负载电流的平方成线性关系。

4.1.2　电力变压器噪声的谐频特性

电力变压器的噪声频谱基本如图 4-3 所示，其噪声能量集中分布于 100Hz 及其一系列谐频上，且随着频率的增大能量逐渐减少。产生以上现象的主要原因是变压器噪声由磁致伸缩和绕组中的电磁力产生。当通过铁芯内部的磁通发生变化时，磁致伸缩引起的本体振动是以两倍的电源频率为其基频率。由变压器绕组中负载电流产生的磁场，是在电网频率下振荡，因此绕组电磁力与负载电流的平方成正比，其频率为电源频率的2倍。

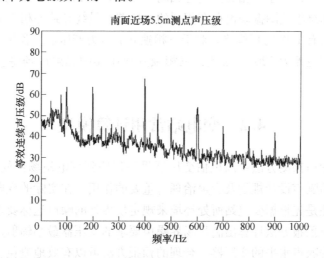

图4-3 电力变压器的噪声频谱（测点距离变压器5.5m）

图4-4是高抗辐射噪声的频谱，与变压器相似，能量集中分布于100Hz及其一系列谐频上。产生上述情况的主要原因是负载电流引起的绕组振动、磁致伸缩及铁芯气隙产生的噪声。

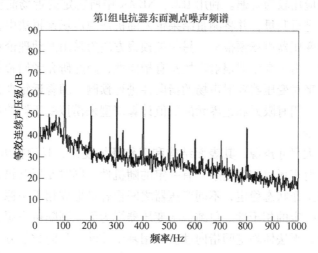

图4-4 高抗的噪声频谱（测点距高抗5m）

4.1.3 电力变压器噪声的相干特性

如果声源之间频率相同、相位差恒定，声源所辐射的声波就会具有相干特性，辐射而成的声场就成了相干声场。电力变压器的辐射噪声主要由铁芯和绕组线圈的振动产生，由于三相交流电各相间存在 120° 的相位差，因此受电流激励而产生的铁芯和绕组线圈振动也存在相同的相位差，最终导致各相变压器的辐射噪声源之间也具有 120° 的相位差。对于三相独立的电力变压器，各相变压器的振动频率相同，相位差为 120°，因此，三相独立变压器的辐射声场将会体现出相干特性。

4.2 变电站常用计算模型

变电站噪声预测方法可以预估变压器噪声传播到变电站场界处的噪声水平，因此对变电站噪声设计规划及噪声治理有重要的作用。在实际的变电站噪声规划设计中，往往是先根据变电站所处环境来规定场界处的噪声达标要求，然后通过变压器的噪声预报方法计算出满足场界噪声要求的变压器最小辐射声功率，从而确定选择何种噪声水平的变压器。合理的预报方法可以有效地避免变电站投运后场界噪声水平超标。

目前变压器辐射声场预报方法主要分为两类。一类是将变压器假设成随机声源。经过长期的研究与实践，研究者们已经总结出无规则随机声源的辐射声场的预报方法，并已经制定出相应的标准，因此基于随机声源假设的变压器辐射声场预报方法目前应用较为普遍。利用 IEC、NEMA 中所规定的近场测量法对变压器的辐射声功率进行测量，并将测量结果带入随机声源声场预报法中，是长时间以来较为常用的变压器声场预报法。另一类预报方法为采用波动理论对变压器声场进行精确求解。由于变压器辐射声场具有指向性，因此研究者们希望通过考虑声源的相位因素来对变压器辐射声场的指向性进行预测。随着近年来数值计算方法的不断发展，利用有限元和边界元的数值计算模型来模拟变压器的振动，可以求解出其辐射声场。

变压器为大尺寸声源，其表面结构和工作环境复杂，且激振方式有很多种，因此变压器辐射声场也较为复杂，有一定的随机性。同时变压器辐射噪声为低频线谱噪声，且工作状态稳定，不同变压器之间很容易形成相干声源。因此变压器辐射声场又有一定的相干性。单纯地将变压器视为无规则随机声源，会造成预报声场过度简化，无法体现空间指向性。利用基于波动方程的数值方法对变压器声场进行精确求解虽预报结果较为准确，但对于每台变压器投入的工作量较大，因此在实际中除了对个别变压器进行细致研究外，无法在变电站整体噪声预测中加以应用。

随着目前对变压器噪声治理要求的不断提高，现有的方法已不能满足实际的需要。因此针对以上问题本章给出复杂相干声源的预报方法，用来对变压器辐射声场进行预测计算。

4.2.1　经验模型

变电站内常设置有多台变压器，最常见的情况为三台相位相差 $2\pi/3$ 的单相变压器并列放置，如图 4-5 所示。若假设变压器之间声源无相干性，则总的辐射声场可看作由每台变压器自身的辐射声场按能量方式叠加。根据 IEC 60076-10，当变压器四周无其他反射物时，总辐射声场某一位置声压级可以表示为：

$$L_{pRAN} = 10 \cdot \ln\left(\sum_{i=1}^{3} \frac{1}{2\pi r_i^2} \cdot 10^{\frac{L_{Wi}}{10}} \right) \tag{4-1}$$

式中　L_{pRAN} ——利用随机声源假设计算出的场点声压级；

　　　　L_{Wi} ——第 i 台变压器近场声功率测量结果；

　　　　r_i ——第 i 台变压器到场点的距离。

由式（4-1）可知，场点与变压器之间的距离是影响该处声压级大小的重要参量。当场点距离远大于变压器尺寸以及变压器之间的间距时，场点声压级会随场点距离单调衰减，从而很难形成明显的指向性。

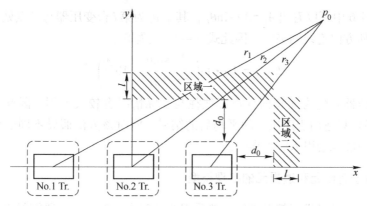

图 4-5　三相独立变压器组排列位置示意图（无防火墙）

另一种常见的变压器布置形式为在图 4-5 的基础上在变压器之间加入防火墙，如图 4-6 所示。当变压器之间存在防火墙时，噪声在传播过程中将会受到防火墙的阻隔，此时预报方法不同于无防火墙时，需要单独考虑。根据 NEMA（National Electrical Manufacturers Association）标准的规定，除了要考虑由传播距离所造成的衰减，还要考虑变压器针对场点处有效辐射面积，即在场点处所能观察到的变压器可视面积。此时，声场中某一位置的声压级可以表示为：

$$L_{pRAN} = 10 \cdot \ln\left(\sum_{i=1}^{3} \frac{A_i}{2\pi A r_i^2} \cdot 10^{\frac{L_{Wi}}{10}} \right) \tag{4-2}$$

式中　A——变压器外壳的宽度；

　　　A_i——第 i 台变压器的有效辐射宽度；

　　　r_i——第 i 台变压器到场点的距离。

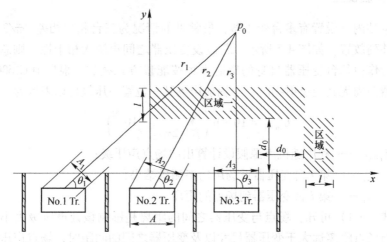

图 4-6　三相独立变压器组排列位置示意图（有防火墙）

从图 4-6 中可以看出 $A_i = A \cdot \sin\theta_i$ ，其中 θ_i 为第 i 台变压器与场点处的连线与变压器排列方向连线的夹角。因此式（4-2）可写作：

$$L_{pRAN} = 10 \cdot \ln\left(\sum_{i=1}^{3} \frac{\sin\theta_i}{2\pi r_i^2} \cdot 10^{\frac{L_{Wi}}{10}} \right) \tag{4-3}$$

将变压器简化为无指向性声源往往与实际情况有较大差别。因此式（4-1）和式（4-3）只适用于声压空间平均后的结果。同时该方法假设不同变压器之间为非相干声源也会引入较大误差。

4.2.2　基于有限元和边界元的机理模型

对变压器声场进行精确求解一般采用波动理论。由于变压器辐射声场具有指向性，可通过考虑声源的相位因素来对变压器辐射声场的指向性进行预测，以在声压较强的方向上加入声屏障的方式来降低变压器辐射噪声。基于边界元模型，可通过提取变压器声辐射表面的振动速度来预测变压器声场。边界元模型通过将变压器外壳箱体表面划分成足够多的单元，使每个单元有统一的振动速度，并利用加速度计探测该位置振动速度；同时根据波动声学理论来计算每个单元的辐射声场；最后将所有单元的辐射声场叠加，得到变压器整体辐射声场。

此外，随着近年来数值计算方法的不断发展，可以先利用有限元数值计算模型来模拟变压器的振动，从电激励出发，通过精确的有限元模型计算变压器壳体的表面振动，再应用边界元模型计算变压器的辐射声场。

仿真中利用有限元方法建立变压器整体的固体结构模型，如图 4-7 所示包括内部的铁芯、线圈和外部的壳体，如图 4-7 所示。图 4-8 所示为模拟变压器的实际工作状态，所有激励源的相位被分成三类，分别施加在三个不同区域上。以上工作便完成了变压器结构有限元部分的建模。激励源的振动可以通过有限元模型传递变压器的外壳，从而得到外壳的振动加速度。利用变压器外壳的振动加速度，再利用边界元方法，最终可以得到变压器的辐射声场。

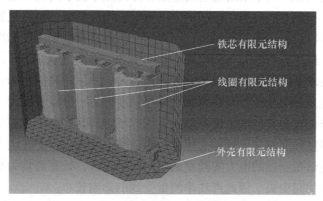

图 4-7 变压器有限元模型

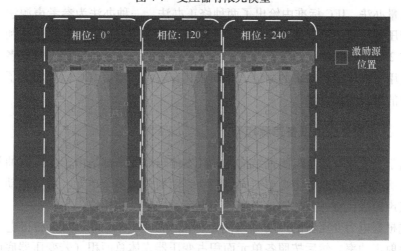

图 4-8 变压器激励源位置

利用基于波动方程的数值预报方法对变压器声场进行精确求解，虽预报结果较为准确，可以考虑声波的相干特性，但对于每台变压器投入的工作量较大，计算时间过长，因此在实际中除了计算变压器在简单声环境中声传播外，难以在实际变电站的声场预报中得到广泛应用。

4.3　变电站的声源模型

变电站的主要声源即为电力变压器。针对变压器声功率测量的特殊性，IEC、IEEE 和 NEMA 等机构制定了专门的变压器声功率测量标准，分别是 IEC 60076：2001、IEEE C57.12.90—2006 以及 NEMA No. TR1—1980。国内等同采用 IEC 60076：2001，制订了 GB/T 1094.10—2003 来测量变压器的辐射声功率。上述标准中均规定变压器声功率采用近场测量法，即测点布置于离变压器箱体较近的位置。近场测点布置方法与 ISO 标准中的平行面包络法类似，测点位置选择在沿水平方向绕变压器箱体一周的环线上，不包括变压器顶部。NEMA 标准规定测量点到箱体表面的距离为 0.3m。而 IEC 和 IEEE 标准则规定了除 0.3m 外的其他测量距离，并且要求变压器在开启风扇式冷却设备时，测量距离应为 2m 以上。

测量环境是影响变压器声功率测量结果精度的另一个重要因素。变压器体积庞大，且工作位置受其他电力设备限制，因此很难将其移至标准声学环境中进行测量，如消声室和混响室。目前变压器的声功率通常是出厂前在电力实验室环境下标定的。测试变压器的电力实验室通常空间都很大，长宽高均为数十米，且变压器常放置于房间中央，因此声功率测量受到的影响较小。

当变压器附近有反射壁面时，IEEE 和 NEMA 标准中均未给出该条件下的声功率测量办法。IEC 标准中给出了两种修正办法。一种办法为参考声源法，其只能在变压器放置于测试地点之前应用，操作局限性较大。另一种办法是利用声强法。在 20 世纪 80 年代，随着声强法测试声功率的方法逐步完善，研究者们开始将其应用于变压器声功率的测量，并确认其有效性。随后 IEC 标准加入了变压器声功率的声强测试方法。

4.3.1　三相同体变电设备声源模型

由于变压器本体是封闭钢结构体，其本体辐射噪声都是由于变压器油箱壁面的振动所产生，因此可将大型结构体振动表面划分为多个单元，每个振动单元用一个点声源来代替，其关键是确定各个点声源的强度和相位。

先根据电力变压器的声功率级测定标准 GB/T 1094.10—2003 测得电力变压器的辐射声功率，然后按照各单元面积占变压器壳体总面积（若变压器底面与水泥平台接触或靠得很近时，总面积不包含底面积）的比例，确定各点声源辐射声功率的大小。

由于变压器的结构尺寸远远大于壳体钢板的厚度，变压器壳体在 100Hz 频率以下就具有了较高的模态密度，因此壳体上各单元之间呈现出复杂的相位关系，除非应用有限元方法进行弹性动力学数值计算，否则很难得到各单元之间的准确相位关系。但由于有限元模型的建立和应用一是需要准确的物性参数和边界条件，二是需要耗费大量的硬件和时间资源，这样的方法应用于实际变电站声场预估过程中，会因为代价极高且耗时过长而在实际中无法使用，因此，实践中可采用类比实验的方法，研究板壳上各单元之间的相位关系，并建立板壳上各单元的相位分布模型。在实验室中，可利用固定尺寸钢板建立实验装置。如图4-9所示，将长0.675m、宽0.576m、厚0.002m的钢板自由水平垂吊，用电磁激励器模拟铁芯和线圈的振动，在板中央下方用电磁激振器发出白噪声信号进行垂直激励，拾取铝板上42个振动点数据，中间点作为参考点。

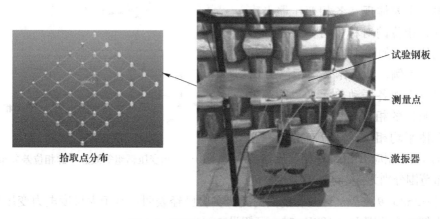

拾取点分布

试验钢板

测量点

激振器

图4-9 薄板振动激励模拟实验装置

对于上述实验中的振动薄板，通过实验可得知：当激励频率小于200Hz时，各振动单元的相位差接近于0°，也即薄板上各振动点的相位大致相同；当激励频率远大于200Hz时，各振动单元的相位差基本是在±180°之间均匀分布。

由表4-1所描述的类比关系可以看出，薄板实验模型在频率为1000Hz激励作用下各单元间的相位分布关系对应于变压器壳体模型受到100Hz频率激励的情况。也就是说，变压器壳体在受到100Hz以上的电磁激励作用时，壳体上各单元的相位差在±180°之间均匀分布。

表4-1 变压器壳体与实验薄板间类比对应关系

模 型	最大尺寸/m	类比频率/Hz	相位分布形式
薄板实验模型	0.675	1000	±180°均匀分布
变压器壳体模型	6.75	100	±180°均匀分布

在实际工程中，在明确点声源强度和相位的基础上，可对变压器模型按如下原则进行构建：

（1）变压器的声功率可采用 GB/T 1094.10—2003 测量得到。

（2）变压器振动壳体可以分解为多个单元，每个单元对应一个点声源，单元的中心点即为点声源的空间位置。

（3）点声源的能量强度按单元面积占总面积的比例划分。

（4）点声源的相位差在 [-180°, 180°] 间均匀分布。

4.3.2 三相独立变电设备声源模型

对于三相变压器组，其中任意一相变压器的声源模型与上面相同，其差别主要体现在各相变压器点声源分布相位的对称中心角存在 $\pi/3$ 的相位差。如图 4-10 所示，以 A 相变压器为例，其总体平均相位为 0，但壳体表面各振动单元（也即等效点声源）的相位或是超前或是落后于总体平均相位，其分布的范围为 $[-\theta, \theta]$，相应 B 相和 C 相变压器的分布范围分别为 $[2\pi/3-\theta, 2\pi/3+\theta]$

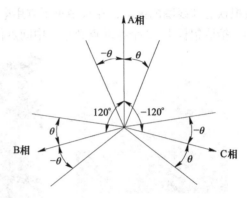

图 4-10　三相变压器组等效点声源相位差分布

和 $[-2\pi/3-\theta, -2\pi/3+\theta]$，前面的类比实验已经表明：对于大尺度电力变压器，当求解频率范围大于 100Hz 时，可假设 $\theta=\pi$。

4.4　变电站的声传播模型

由于变电站中的电力变压器和高抗等主要噪声源所辐射的噪声都具有明显的相干特性，因此，很多情况下无法直接采用仅适用于无规随机噪声传播衰减的 ISO 9613 模型。对于无规随机噪声，声源传播到声接收点位置处的声压为 p_i，此时计算 p_i 只需考虑其幅值即可，声接收点处的总声压可按能量叠加原理计算，见式（4-4）。

$$p_R^2 = \sum_i p_i^2 \qquad (4-4)$$

式中，p_i 为声源 i 针对接收点的贡献声压；p_R 为接受点总声压。对于相干噪声，声源传播到声接收点位置处的声压 p_i 除了要考虑幅值，还要考虑其相位因素，可以用一个复数 $p_a e^{j\theta}$ 来描述包含幅值和相位的声压，这时，声接点处的总声压需按照向量叠加原理计算，见式（4-5）。

$$p_{Ra} e^{j\theta} = \sum_i p_{ai} e^{j\theta_i} \qquad (4-5)$$

式中　p_{Ra}——声接收点处总声压的幅值；

θ——声接收点处总声压的相位。

4.4.1 相干传播

一般来讲，无论是工业噪声还是交通噪声，只要是户外噪声传播，其传播模型都可以使用 ISO 9613 传播模型来进行计算。针对相干声源，可在 ISO 9613 模型的基础上考虑相位因素，实现相干噪声传播衰减的计算。相干传播模型的计算流程与非相干计算流程基本一致。图 4-11 的计算过程是在非相干 ISO 9613 模型的基础上得到，二者存在差异的部分主要是与相位相关的计算。如图 4-11 所示，相干传播模型在获取了针对某预测点的所有声线路径后，需要计算声线路径的长度、该路径上的衰减量和贡献量等信息，然后结合每条路径的初始相位，根据不同的频率进行相位叠加计算，求解出考虑相位的预测点预测值。某预测点在某频率下所有声源对其贡献能量值总和 P_R 的表达式如下：

$$P_R = \left| \sum P \right|$$
$$P = (P_r,\ P_i)$$
$$P_r = P\cos(2\pi\lambda d)\cos\alpha - P\sin(2\pi\lambda d)\sin\alpha$$

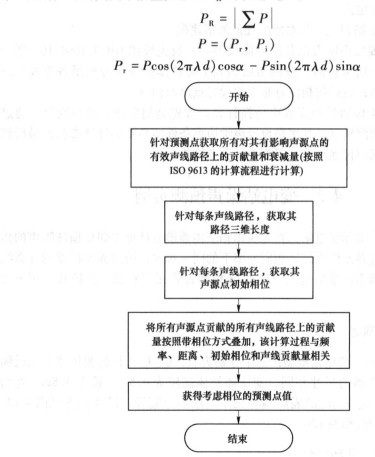

图 4-11 相干噪声传播衰减计算模型

$$P_i = P\cos(2\pi\lambda d)\sin\alpha + P\sin(2\pi\lambda d)\cos\alpha$$

式中　　P——给定声线路径的声能量贡献量；

　　P_r，P_i——声压 P 的实部和虚部；

　　　　λ——给定频率声波的波长；

　　　　d——声线路径的长度；

　　　　α——点声源的初始相位。

4.4.2　计算步骤

考虑到变电站的噪声主要为低频相干谐波噪声，如直接使用仅适用于无规随机噪声的 ISO 9613 模型计算其传播衰减规律，就会导致计算模型与实际噪声对象在声学本质上的不一致。应用考虑相位因素的相关传播模型，才会使得计算模型与实际噪声对象在声学本质上一致，才有可能得到更为准确的计算结果。其具体的计算实施步骤包括：

（1）进行变电站相关声学对象的几何外形建模。

（2）建立主要发声电力设备的声源模型。一般先按照 GB/T 1094.10—2003 测量得到其总体声功率；然后按网格面积大小将总体声功率分配至各等效点声源，获得声源源强；最后按相位分布规律设置点声源相位。

（3）应用相干传播模型完成声传播计算。首先是划分声接收点网格，通过网格密度来控制预测精度；其次是设置声学边界条件即必要的计算参数；最后调用计算模型，完成声传播计算，得到声场分布结果。

4.5　变电站噪声预测实例

本实例源于某实际变电站，首先应用相干传播模型计算 100Hz 谐波噪声的传播声场；再应用边界元模型计算相同频率下的同一对象，用边界元模型的计算结果验证相干传播模型；最后应用 ISO 9613 模型计算相同对象，比较其与相干传播模型的差异。

4.5.1　计算模型描述

如图 4-12 所示，变电站模型由三个分别为 A、B、C 三相的变压器和四道隔墙组成，各个变压器的尺寸相同，变压器箱体高度为 4.5m、长为 3.8m、宽为 7.39m，再由 4 个高 9.5m 的隔离墙将三个变压器分隔开，尺寸位置见图 4-12，三个变压器声源相位相差 120°。

4.5.1.1　相干传播模型

各个变压器的总声功率级设为 110dB。根据声源的分解与相位分布原理，将

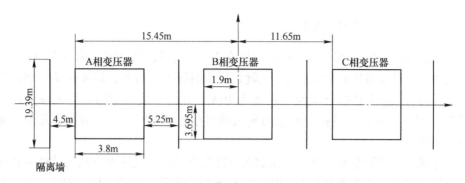

图 4-12　实验用变压器组尺寸

A 相变压器声源离散为 101 个相位在 [−60°, 300°] 之间的点声源，将 B 相变压器声源离散为 101 个相位在 [−180°, 180°] 之间的点声源，将 C 相变压器声源离散为 101 个相位在 [−300°, 60°] 之间的点声源。按照变压器壳体各面的面积大小对声能量进行分配，各个变压器前面与后面的每个点声源的声功率级设为 80.44dB，左右两面的每个点声源声功率级设为 79.65dB，顶面的每个点声源声功率级设为 71dB。

将隔离墙设置为声屏障；声场网格设在 1.5m 高度，网格密度为 0.5m × 0.5m。计算过程中设置地面反射系数为 1，也就是将地面设为反射面；将声传播环境温度设置为 10℃，相对湿度为 70%；背景噪声的声压级为 25dB；考虑屏障衰减、大气衰减、几何衰减、地面效应。

4.5.1.2　边界元模型

通过划分网格软件建立变电站几何模型，并划分网格。将变压器模型按每个网格大小为 100mm 进行划分，共划分了 225768 个面网格。将划分好网格的变电站模型导入边界元计算软件中。在边界元法计算中，将变电站模型设为声学网格，隔离墙设为刚性反射面。将模型 $z = 0$ 面，即地面设为反射面。声传播环境设为常温，即声速为 340m/s，密度为 1.225kg/m³。在边界元法计算中设置场点网格，计算 100m×100m 包含变电站 1/4 的正方形区域，其高度为 1.5m，网格大小为 4m×4m。

变电站模型由于尺寸较大，因此不能处理为单一的点声源。根据单体变压器声源的分解与相位分布原理，将 A、B、C 变压器分别离散为均匀分布的 26 个点声源，各个变压器总声功率为 110dB，其中前面与后面的每个点声源幅值设为 0.047kg/s²；左右两面的每个点声源幅值分布设为 0.053kg/s²；上面的每个点声源幅值设为 0.049kg/s²，变压器上各个点声源的相位值设为在 [−π, π] 之间随机分布。

4.5.1.3　ISO 9613 模型

根据 ISO 9613 计算模型，声场网格在 1.5m 高度，网格密度为 0.5m×0.5m；在软件中设置地面反射系数为 1，也就是将地面设为反射面；将 4 面防火墙也设置为反射面；将声传播环境温度设置为 10℃，相对湿度为 70%；背景噪声的声压级为 25dB；在计算过程中考虑的衰减项包括屏障衰减、大气衰减、几何衰减与地面效应。

考虑仿真实际变电站噪声，在加入新计算模型的变电站噪声预估软件中将各个变压器的总声功率级设为 110dB。由于 ISO 9613 模型不考虑相干相位，所以在将变压器离散为点声源的集合时，将所有的点声源相位设置为 0°。其中变压器前面与后面的点声源的声功率级设为 80.44dB，左右两面的点声源声功率级设为 79.65dB，顶面的点声源声功率级设为 71dB。

4.5.2　计算结果分析

相干传播模型、边界元模型和 ISO 9613 三种模型计算得到的声场云图分别如图 4-13 和图 4-14 所示。

单位 dB
30.4
37.0
43.6
50.2
56.8
63.3
69.9
76.5
83.1
89.7

变压器——

图 4-13　相干传播模型计算结果

扫码见彩图

在相同硬件环境下，相干传播模型计算耗费约 0.5h 而边界元模型计算耗费 170h，因此，从计算效率来讲，边界元模型要慢得多。

相干传播模型得到变电站 100Hz 谐波声场的声压云图如图 4-13 所示。由图可看到在其计算得到的声压云图中存在明显的干涉条纹，这是相干噪声相互作用的结果。相关传播模型不但考虑了低频相干噪声的声压幅值，还考虑了其相位因素，符合相干噪声传播的物理本质。

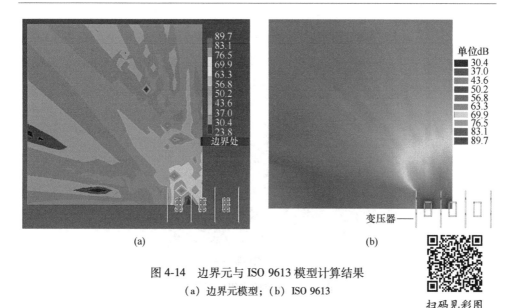

图 4-14 边界元与 ISO 9613 模型计算结果

(a) 边界元模型；(b) ISO 9613

扫码见彩图

　　边界元模型计算得到变电站 100Hz 谐波声场的声压云图如图 4-14（a）所示。与图 4-13 展示的计算结果进行初步比较，两者声压云图干涉条纹的分布总体上基本一致。由于边界元模型基于波动方程，是最接近相干噪声传播衰减物理本质的数值解法，因此边界元法能够准确预测低频相干噪声的衰减传播。但在计算变电站这样大区域的低频相干声传播声场的过程中，仅仅计算 100Hz 一个频率点就耗费了 170h，其效率极低。如要应用于实际变电站声传播的计算，需要面对计算范围更大，计算频率点更多，因此边界元法难以在实际变电站声传播预测中得到应用。但边界元模型由于最能反映相干噪声的物理本质，因此可在特定条件下用于验证其他类型的传播衰减模型。

　　ISO 9613 模型的计算结果如图 4-14 所示，声压云图中没有明显的干涉条纹，这是由于 ISO 9613 计算模型并没有考虑波动方程中的相位计算项，只是声能量的叠加。

　　以边界元模型的计算结果作为验证标准，可以看出相干传播模型的计算结果与边界元模型结果总体趋势及相干条纹位置都基本一致；而 ISO 9613 模型的结果与边界元模型计算结果差异较大。为进一步定量比较三种模型的差异，在三种模型的传播声场中分别设置如图 4-15 所示的声接收点组，点组分布在起点为变压器组中心点、与变压器组对称中心线夹角呈 45°的直线上，点组间距离为 1m。

　　图 4-16 为三种模型在 25 个声接收点的声压值对比。从图中可看出边界元模型与相干传播模型的计算结果更为接近，除去个别近场位置的声接收点，大部分声接收点声压值相差不到 3dB。

　　图 4-16 中 ISO 9613 模型的计算结果高于其他两种算法的声压值，造成这种

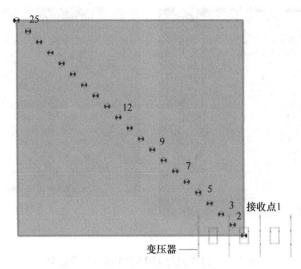

图 4-15　声接收点组位置分布

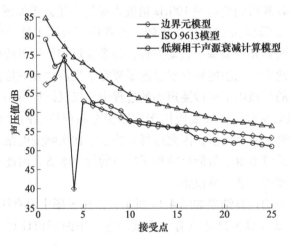

图 4-16　三种模型声接收点声压值对比

现象的原因可通过线阵列声源的衰减特性来解释。设 r 为声接收点到线阵列的距离。对于不相干线阵，声接收点的声压与 $\sqrt{r}$ 成正比；而对于相干线阵，声接收点的声压与 r 成正比，所以不相干线阵列要比相干线阵列衰减得要慢。因此，对于变压器组而言，在相同的声接收点，不考虑相干特性的 ISO 9613 模型得到的声压要比考虑相干效应的边界元模型和相干传播模型的声压值更高。

　　表 4-2 给出了三种声传播衰减计算模型的性能对比情况。考虑相位的相干传播模型与边界元法相比，计算结果基本一致，计算效率大大提高，能快速准确地计算变电站噪声的传播衰减；与 ISO 9613 计算模型相比，相干传播模型不但考

虑了噪声的能量，而且还考虑了声传播过程中的相位因素，能够较为准确地预测变电站相干噪声的传播声场。可以看出，应用相干传播模型可以准确、快速、有效地计算变电站噪声传播衰减，是一种比较经济的选择。

表 4-2 三种计算模型性能对比

计算模型	是否考虑相位	计算时间 （同等条件）	结果是否准确	是否适用于变电站 噪声传播衰减计算
边界元模型	考虑	长（>170h）	准确	不适用
ISO 9613 模型	不考虑	短（<0.5h）	不准确	不适用
相干传播模型	考虑	短（<0.5h）	准确	适用

4.6 电力变压器防火墙对噪声传播的影响

随着电力负荷的不断增加，新建或扩建的变电站数量也在增多，而变电站内噪声源数量众多，声功率级较大，对周围环境的噪声影响已受到环保部门的关注。变电站最大的噪声来源之一是电力变压器，其辐射声场对变电站周围影响最大。变压器辐射噪声水平是进行新变电站设计和老变电站改造的重要参数，因此对其研究具有重要意义。变压器一般布置在两个防火墙之间，其实际声辐射因防火墙的影响，存在反射和绕射现象。目前变电站噪声预测很少考虑有限屏障反射信息，这对准确计算变压器周围的噪声水平会产生较大影响。

目前针对变压器噪声的研究主要通过两种途径：实测数据统计分析方法和计算模型等效计算方法。其核心问题就是变压器声源的等效。一般来讲需要考虑变电站内整体结构及较多障碍物绕射等噪声计算问题，这样可以建立变电站三维空间衰减模型，能够对变电站整体进行噪声预测。但这种方法的建模过程较为复杂。为了对变压器噪声进行等效，一些研究人员将变压器噪声建模为简支矩形板的振动，将喇叭作为点声源模拟平板振动，在满足特定的几何条件下，通过设定喇叭的频率、相位、幅值，进而可以等效表示变压器噪声。另外一种思路是将声场的全息重建应用于电力变压器或采用偶极声源模型等效变压器。等效源的求解精度与等效的数量、位置及分析频率范围有关，绝大部分相关研究都是围绕这些因素对于等效源法结果的影响。而另外一个需要重点关注的问题是变压器周围防火墙对变压器辐射声场的影响。

从声学角度来讲，防火墙的设置会改变变压器辐射声场的特性，因此实际中常需要在防火墙影响下对变压器进行声功率测量。在研究反射声场时，有时使用换流变压器户外半开空间相干噪声预测模型。这种模型考虑了声线多次反射形成的若干虚声源之间的干涉效应。通过分析防火墙反射壁面到变压器的距离对声功率测量结果的影响可知，反射壁面对变压器高频成分声功率测量结果的影响较大。另外还有一些方法也用在了变压器的声源模型分析中，如缩尺比例模型试验法、变压器多点等效源模型法等。

这些声学计算中的常用方法均为无反射边界模拟自由声场方法，在实际场景中直接应用，其计算结果会存在较大误差。相对的应用有限元、边界元法等波动声学方法的预测精度会很高，但求解速度慢、操作复杂，较为适用于小范围的室内噪声预测计算。因此可以采用折中的方法，将变压器等效为多个点声源模型，采用等效源法的思想进行噪声预测，其等效过程简便。由于户外电力变压器大多放置在两个防火墙之间，等效点声源在传播时存在大量直达声线、绕射声线与反射声线，因此可以从变压器仿真模型出发，重点研究电力变压器双侧防火墙的声反射效应对其传播特性的影响，从而给出反射声线的作用范围。

4.6.1　防火墙的屏障效应和反射效应

目前，户外声传播预测模型中的传播过程一般按照《声学　户外声传播的衰减　第2部分：一般计算方法》（ISO 9613-2：1996）进行计算。该标准采用声线法描述声波辐射过程，在声源点与预测点之间，需要确定直达声线、绕射声线及反射声线。如果声源点与预测点之间无防火墙之类障碍物遮挡，则存在直达声线，否则需要考虑绕射声线的存在。在变电站中，防火墙与地面连接，因此绕射声线只考虑上部绕射和两条侧面绕射声线。变压器周围的声场由直达声线、绕射声线及反射声线的能量叠加，如果简单使用直达声线和绕射声线进行噪声衰减计算，噪声预测结果必定存在误差，因此还需要考虑反射声线。反射声线的数目由空间中防火墙的数目及其位置决定，同时也需要考虑最大反射次数。

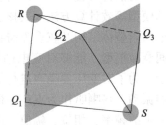

绕射声线是空间中的折线，起始点为声源点，终止点为预测点。绕射声线需满足两个条件：绕射声线与防火墙内部无接触点；绕射声线的一端必须与防火墙棱边或表面相交。图 4-17 为声音绕过防火墙示意图。图中 S 为声源点；R 为预测点；Q_1、Q_2 和 Q_3 为噪声从防火墙三个方向的绕射点。

图 4-17　声线针对防火墙
的绕射

防火墙绕射声线衰减计算如下：

$$A_{\text{oct bar}} = -10\lg\left(\frac{1}{3 + 20N_1} + \frac{1}{3 + 20N_2} + \frac{1}{3 + 20N_3}\right) \quad (4\text{-}6)$$

式中　$A_{\text{oct bar}}$——防火墙引起的绕射声线衰减；

N_i——菲涅耳数，$i = 1，2，3$。

$$N_i = 2\delta_i / \lambda \quad (4\text{-}7)$$

式中 δ_i——声程差，$i=1$，2，3；

λ——声波波长，m。

如图 4-18 所示，声源点 S 和预测点 R 的直线距离为 d；声源点 S 和绕射点 Q_i 的距离为 $d_{SQi}(i=1$，2，3)；预测点 R 和绕射点 Q_i 的距离为 d_{RQi} （$i=1$，2，3)。对于图 4-18 所示的防火墙，δ_i 声程差为：

$$\delta_i = d_{SQi} + d_{RQi} - d \quad (i=1,2,3) \tag{4-8}$$

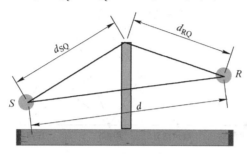

图 4-18 防火墙上绕射

计算防火墙障碍物衰减前，首先需要根据声源点与预测点之间连线是否穿越防火墙障碍物，从而判断声源点与预测点之间是否存在防火墙。图 4-19 所示为判断声源点与预测点之间是否存在防火墙的流程。

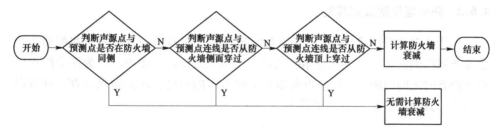

图 4-19 判断绕射声线流程

当声源两侧存在防火墙时，声波除了直达声线到达接收点 R 外，还能够在防火墙间反射，再到达接收点。定义从声源点出发，经由空间中的反射面进行有限次镜面反射而到达接收点的路径称为反射声线，由反射面引起的声衰减降低量为反射声修正量 L_r。反射声线的条数与防火墙的数目和位置及用户定义的最大反射次数有关。

虚声源法根据几何声学原理处理声波反射，将声源点相对于反射面形成的镜像作为虚声源点进行计算的方法。如图 4-20 所示，采用虚声源法计算双防火墙条件下声源的反射声修正量。声源点 S 发出的声波，经防火墙 2 单次反射，等同于 1 价虚声源 S_1 发出的声波；经防火墙 1 和防火墙 2 两次反射的声波，等同于 2

价虚声源 S_2 发出的声波。多次的声波反射，等同于更高价虚声源的作用。反射次数越多，虚声源离防火墙 2 的距离越远，且反射吸收使虚声源的强度衰减得越多，因此高价的虚声源对接收点的影响较小，在计算过程中，一般只考虑两次反射。

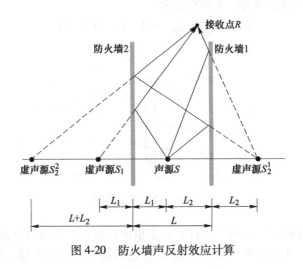

图 4-20　防火墙声反射效应计算

4.6.2　防火墙反射效应算例

如图 4-21 和图 4-22 所示，变压器与防火墙几何模型中，侧面 1 和侧面 2 代表变压器两侧的防火墙，x、y 和 z 代表其空间三维坐标。图中，W 为两个防火墙在 x 轴方向之间的距离，L 为防火墙在 y 轴方向的长度，H 为防火墙在 z 轴方向的高度，其地面位于 $z=0$ 的平面上。

图 4-21　变压器与防火墙

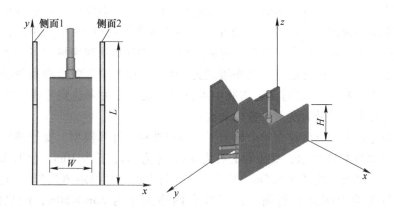

图 4-22 变压器与防火墙空间模型

4.6.2.1 变压器点声源等效

变压器的噪声主要来源于内部结构以及其他结构振动，这些振动的能量通过变压器的箱体向外界传播。因此可将变压器的噪声看作来源于变压器的外壳振动。在户外环境噪声求解过程中，由于变压器的体积较大，无法用单一的点声源等效，因此需要离散成一系列具有一定声功率级的点声源集合。

忽略变压器底面振动辐射噪声，将变压器全部噪声看作来源于 4 个侧面和顶面的振动，即可将变压器等效为 5 个面声源，再通过面声源与点声源等效替换，最终将变压器等效为多个点声源。等效点声源的分布如图 4-23 所示。将理想变压器体声源等效成点声源集合，并以此作为变压器的发射源。

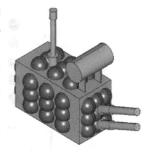

图 4-23 电力变压器
点声源分布

假设 1 个变压器的等效点声源为 N 个，变压器声场中的声功率级与该等效的声源点集合的声功率级叠加之和相等，即应遵循：

$$L_P = 10\ln\left(\sum_{j=1}^{n} 10^{L_j/10}\right) \tag{4-9}$$

式中 L_P——变压器的总声功率级，dB；

L_j——第 j 个点声源的声功率级，dB。

4.6.2.2 声接收点布局

在进行声源等效时，等效点声源的个数对重建声场的精度起决定性作用。理论上变压器体积越大，等效的点声源数量越多，重建声场的精度越接近实际声场，但等效点声源数量增多会导致计算复杂，因此等效点声源个数的选择至关重要。在满足等效声场误差较小的情况下，将变压器等效成 45 个点声源，变压器的每个箱壁面等效为 9 个点声源。可通过仿真软件计算重建声场中各个接收点的预测值 L_i。变压器声源的总声功率级设为 110dB，设各个等效点声源声功率级相同，根据式（4-9）计算得到。实验中可以设置反射开关来达到考虑反射与不考虑反射的效果，设最大反射次数为 2 次。

根据等效声源模型建立单个电力变压器户外噪声计算模型，变压器尺寸与接收点分布如图 4-24 所示，变压器的高为 6m、宽为 5m、长为 10m，反射面有两个平行防火墙组成，其高为 8.5m、长为 14m，防火墙之间的距离为 8m，电力变压器中的防火墙为刚性反射面。计算场点网格大小为 50m×50m，网格间距为 0.3m×0.3m，高度设为 3m，沿 x 轴方向距离防火墙 5m 处由近及远设置 12 个接收点、y 轴方向距变压器 5m 处设置 12 个接收点及 45°、对角方向距电力变压器中心由近及远设置 12 个接收点，每个接收点高度为 3m，各接收点横纵间距为 5m。

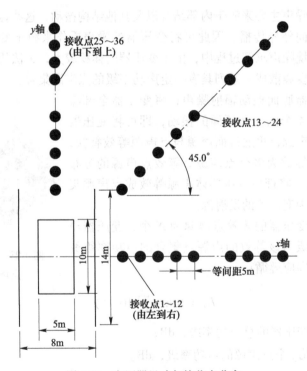

图 4-24　变压器尺寸与接收点分布

图 4-25 为仿真测量中环形接收点布局图，其中接收点高度为 3m，环形半径选择距变压器 14m、25m 和 50m，接收点之间的角度为 20°。

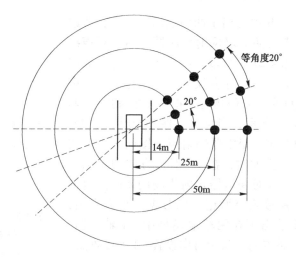

图 4-25　接收点布局

4.6.2.3　计算结果及分析

本节考虑两种不同情况下（即考虑防火墙反射、不考虑防火墙反射），在两堵墙模型中，变压器辐射声场的变化。图 4-26 绘出了在两种不同边界条件下（考虑防火墙反射与不考虑防火墙反射），变压器噪声网格分布。从图中可以看出，噪声主要沿着没有防火墙的开放边向外传播，而防火墙下，因防火墙的屏障作用，噪声值较小。防火墙的反射条件改变时，变压器噪声网格分布有明显的变化。

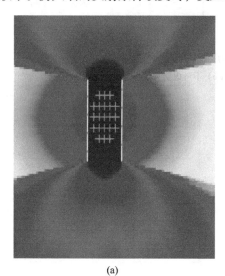
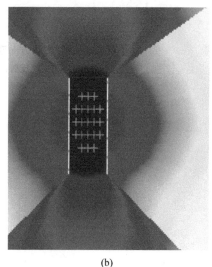

(a)　　　　　　　　　　　　　(b)

图 4-26　变压器噪声网格分布
（a）考虑反射；（b）不考虑反射

　　图 4-27～图 4-29 中绘出了两堵墙的模型中，考虑
防火墙反射和不考虑防火墙反射变压器辐射声场声线
图的俯视图。从图 4-27 中可以清晰看出，考虑防火墙
反射时，在 x 轴方向，不存在反射声线。这表明，声
源点与接收点之间存在障碍物时，将不考虑反射影响。
如图 4-28 和图 4-29 所示，当反射条件改变时，在 45°
对角方向和 y 轴方向，变压器辐射声线图明显有了改
变。当考虑防火墙反射时，在 45°对角方向和 y 轴方
向，增加了反射声线对变压器辐射声场的影响。这种
影响同样也可以从接收点所记录的数据中可以看出，
图 4-30～图 4-32 绘出了在两堵墙模型中，x 轴方向、
45°对角方向和 y 轴方向（每个方向设置 12 个接收点）
在两种不同情况下比较各个接收点处的预测值。

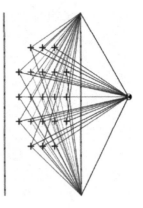

图 4-27　x 轴方向考虑
反射变压器仿真
模型辐射声线

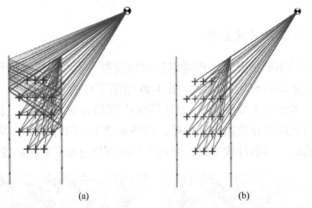

(a)　　　　　　　　　　　　(b)

图 4-28　45°对角方向变压器仿真模型辐射声线

（a）考虑防火墙反射；（b）不考虑防火墙反射

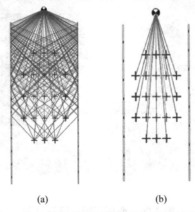

(a)　　　　　　　　　　　　(b)

图 4-29　y 轴方向变压器仿真模型辐射声线

（a）考虑防火墙反射；（b）不考虑防火墙反射

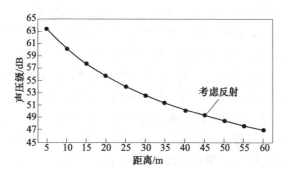

图 4-30 45 个点声源在 x 轴方向的接收点预测值

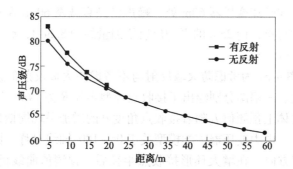

图 4-31 45 个点声源在 y 轴方向接收点预测值对比

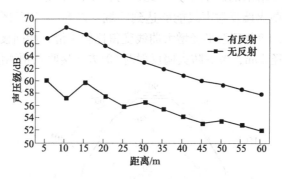

图 4-32 45°对角方向的接收点预测值对比

由图 4-30 可以看出，考虑防火墙反射跟不考虑防火墙反射情况相比，在 x 轴方向，接收点的预测值曲线基本重合，这说明防火墙的反射对声场 x 轴方向并没有影响。

图 4-31 绘制了 y 轴方向，考虑防火墙反射和不考虑防火墙反射时接收点预测值曲线。从图中可以看出考虑防火墙反射跟不考虑防火墙反射相比，在 y 轴方

向，当接收点处于近场时，防火墙的反射对变压器声功率预测结果影响比较大，预测误差小于 3dB。在 y 轴方向，当接收点处于远场时，其预测值基本相同，防火墙的反射对变压器的声功率预测结果几乎没有影响。结合声学边界条件分析可以推出，声波遇到防火墙反射，导致变压器 y 轴方向近声场的接收点预测值增大，因此变电站规划布局时，应将变压器远离声环境敏感区域。

图 4-32 绘出了 45° 对角方向，考虑防火墙反射和不考虑防火墙反射时接收点预测值曲线。由图可以看出，在只考虑绕射声线条件下，相比考虑反射声线，预测值曲线的波动幅度较大，相邻接收点的预测值上下波动，且接收点间的预测值相差很大。当考虑防火墙的反射时，变压器 45° 方向预测值曲线明显改变了许多。考虑反射的预测值能反映随着接收点不断远离变压器，反射声线对预测结果的影响也逐渐减弱，在距离变压器 60m 处，噪声已经衰减至 60dB 左右。整个衰减过程具有非线性的特点，前 25m 的平均反射增加量约为 8.3dB，后 35m 的平均反射增加量约为 6.2dB。

图 4-33 和图 4-34 为考虑防火墙反射与不考虑防火墙反射的预测值 L_i 随接收点角度 θ 的变化。三幅图分别绘出了接收点环型半径 R 为 14m、25m 和 50m 时的情况。首先在总体上预测值 L_i 随着接收点角度 θ 的增加呈现周期性变化，说明其具有明显指向性。电力变压器声学模型关于 0°~180° 轴线对称，因此本节只讨论模型内 0°~180° 方向。在增大环形接收点半径后，预测值曲线仍在 80°~100° 区域接收点处预测值 L_i 最大。在 20°~40° 之间（140°~160°），随着接收点环形半径增加，反射对预测结果的影响增大。此外对比不同角度时的预测值结果可以看出，20°~160° 是防火墙反射声线能够达到区域。以 80°~100° 区域为中心，噪声向两边逐渐降低，随着环型半径增大曲线变得比较平滑，相同接收点的预测值 L_i 减小。在环形半径 50m，考虑防火墙反射时 60° 方向接收点预测值开始超过 80° 方

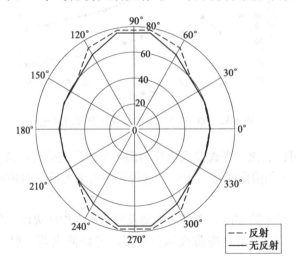

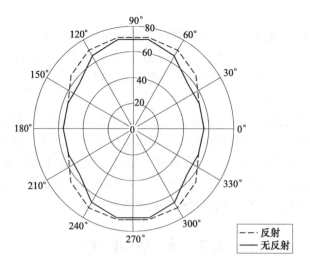

图 4-33 半径 14m 及 25m 环型接收点预测值

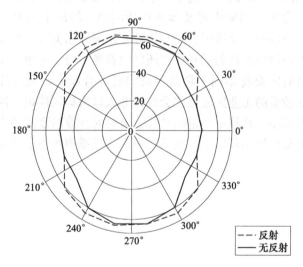

图 4-34 半径 50m 环型接收点预测值

向接收点预测值。造成这种现象的一个原因是本算法中的镜像虚源法考虑多次反射时，声线与边界面入射角度的变化引起反射损失逐渐增大的实际情形。

将电力变压器等效为多个点声源，通过数值仿真计算，讨论电力变压器双侧防火墙的声反射效应对其声传播特性的影响，可以得到下面结论：

（1）从 x、y 和斜角三个方向的计算结果来看，防火墙的声反射效应对垂直变压器 x 方向的辐射声场没有影响；在防火墙开口 y 方向，防火墙的声反射效应对变压器近场影响较大，远场影响较小；防火墙声反射效应对斜角方向声场有明显影响。

（2）从环型接收点的计算结果来看，防火墙声反射效应在 20°至 160°的范围内对变压器辐射声场产生影响，而在垂直于防火墙的较小的角度区域内没有影响；随开口 y 方向声接收点与变压器距离的增大声反射效应的影响减小，但斜角方向始终存在较大的影响。

这种考虑了反射的变压器声辐射模型不仅能涵盖到刚性反射边界，而且能考虑多次反射后由于入射角的改变导致平面波反射系数的变化的影响，更符合实际声传播。因此，在计算电力变压器辐射声场时，不但要考虑防火墙的声屏障效应，还要考虑它的声反射效应，这样可进一步提高变压器辐射声场预测精度，为变电站和换流站噪声的精细化治理提供技术保障。

4.7 本 章 小 结

工业噪声预测和计算的内容过于庞杂，远不如交通噪声计算体系性强。因此本章只探讨了电力领域的噪声源及噪声传播问题，给出了相关的研究参考和范式。具体到其他领域的工业噪声预测和计算，还需要相关行业专家不断摸索和完善。由于工业噪声污染出现的同时往往还伴随着光污染、电磁污染等其他物理污染形式，因此有时需要将不同学科的污染问题综合起来研究。目前的整体趋势是，噪声污染比较重的工业区域往往会选择非人口密集区建设，同时工业噪声源的影响区域相对较小，往往是小范围计算，有时对计算精度的要求更高一些。总的说来，在绝大部分城市环境中，生活噪声和交通噪声污染的严重程度是要大于工业噪声的。

5 计 算 优 化

5.1 快速计算及软件优化概述

　　城市策略噪声地图的计算是典型的计算密集型任务，其绘制过程和更新修正过程需要耗费大量的计算资源和人力资源，同时需要消耗大量时间。中国城市普遍处于快速发展的过程中，城市环境往往在短时间内会发生比较大的变化，因此无论是地理信息数据还是交通数据都在不断更新，噪声地图绘制的计算速度已经成为制约噪声地图时效性的瓶颈。况且，城市化的发展涌现了大批高层建筑物，三维噪声地图的需求越来越迫切，建筑物立面数据、空间切片数据等需求不断增加，这都极大地增加了计算量。另外，很多地方城市的环保部门希望能够绘制并快速地更新迭代本区域的噪声地图，具有动态噪声地图的需求，但苦于硬件设备较为落后，难以承担动态噪声地图巨大的计算量。

　　当前阶段，制约国内外噪声地图绘制实施的一个重要难题是如何在保证求解质量的情况下提高求解效率。一个大范围的城市交通噪声地图预测项目可能涉及上千平方公里的范围，预测点的数目更是达到了千万以上，求解过程将消耗大量的计算时间和计算资源（一个几十平方公里的求解区域就可能会消耗一周的计算时间）。另外，城市声环境非常复杂，影响噪声分布的各种因素处于高度变化状态中，这对噪声地图的快速更新速度提出了很高的要求。因此，提高噪声地图仿真工具的绘制效率迫在眉睫。

　　目前，国内外很多学者和工程技术人员都在致力于提升噪声地图的计算效率，几乎所有的交通噪声制图软件文献都涉及以下三个方面：即计算精度和计算速度的提高；友好的图形用户界面和高度灵活的体系结构；方便的数据管理和降低软件的计算成本。

　　噪声地图仿真和计算效率的提升无非就三个途径：一是将问题变简单；二是将算法变快捷；三是在控制计算成本的前提下提升算力。在计算模型保持稳定的情况下，计算任务和计算数据的合理简化，以及利用松散计算资源进行分布式异构计算是解决计算优化问题的最主要途径。

5.2　数 据 简 化

噪声地图传播模型计算内核的输入数据主要包括声源信息和环境信息等，数据量的大小和计算区域的大小息息相关，输入数据的数据规模直接影响计算效率。本节介绍可用于计算内核开发，并提升计算速度的几种数据简化方法。数据简化的思路也是商业噪声地图仿真计算软件提升计算效率的普遍手段，应用十分广泛。

5.2.1　线声源优化

理想线声源对象本质上是拥有多个节点的多段线几何对象。因此，线声源的离散化过程也就是组成线声源各个线段分别离散化的过程。

在实际应用中，线声源的几何信息一般来自 GIS 数据中对交通道路的几何描述。在实践过程中，往往会出现一条道路虽然近似笔直，但在 GIS 数据中却出现大量的中间节点。这是由于 GIS 数据应用的范围很广，某些应用可能需要非常精确的道路外形几何信息描述，或是仅仅通过节点的添加进行道路地理意义上的节点标识。大量的道路节点会导致线声源在离散化过程中需要对大量的线段进行处理，这会严重降低计算效率。一个大规模噪声地图仿真计算任务可能需要上百个小时的时间进行求解，进行计算过程的优化至关重要。因此需要对从 GIS 信息中直接转换过来的线声源对象进行优化预处理工作。

线声源优化预处理实际上是求集合 **V** 的一个子集 **V**。，使得二者能够描述的线声源几何外形十分接近（误差在可接受的范围内）。然后利用 **V**。来代替集合 **V** 对线声源的几何信息进行描述。由于 **V**。中的元素数目要小于或等于 **V**，因此声源离散化过程中需要处理的线段数目将会变少，以达到提高计算效率的目的。图 5-1 给出了线声源优化预处理的基本原理。其主要是利用一个较少节点的优化线声源来近似替代节点比较多的原始线声源。

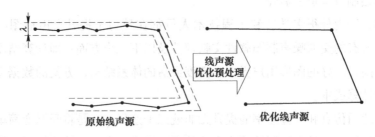

图 5-1　线声源优化预处理基本原理

若想求出 **V**。则先需要对线声源两种节点进行概念定义，即同段点和邻端点。

定义 5.1 同段点。

如果对 $\forall i < k \leq j$ 有 $D(i,j,k) \leq \lambda$ ，则称 v_i 和 v_j 为基于 λ 的同段点。其中：

（1）$v_i,v_j,v_k \in \mathbf{V}$ ；

（2）$D(i,j,k)$ 为点 v_k 到由点 v_i 和 v_j 确定的直线的距离；

（3）$\lambda > 0$，为用户定义的常数。

定义 5.2 邻端点。

如果 v_i 和 v_j 为基于 λ 的同段点，且 v_i 和 v_{j+1} 不是基于 λ 的同段点，则称 v_j 是 v_i 的基于 λ 的邻端点。

求解 $\mathbf{V_o}$ 的具体步骤如下：

（1）用户定义 λ 值，并将 $\mathbf{V}$ 中的第一个元素 v_1 加入 $\mathbf{V_o}$ 中；

（2）设置一个当前节点 v_c 节，初始值令 $c = 1$ ；

（3）根据定义 5.2，求出 v_c 基于 λ 的邻端点 v_b ，将 v_b 添加到 $\mathbf{V_o}$ 中；

（4）将 b 值赋予 c ，重复步骤（3），直至 $b = n$ 为止，其中 v_n 为 $\mathbf{V}$ 中的最后一个元素。

求出 $\mathbf{V_o}$ 之后则线声源模型转化成 $S_l = \langle L', \mathbf{V_o} \rangle$ ，后续计算均按照此模型完成。

5.2.2 有效建筑物数量控制

在噪声地图计算中，更多的建筑物（屏障）可能意味着计算过程中需要更多的对象遍历过滤操作。求解算法必须从大量的候选对象中找到有效的建筑。而且，对于大量候选建筑物的遍历过滤操作往往出现在多循环程序中，这导致了严重的计算开销。对于高建筑密度区域，可通过一些配置方法或优化的建筑过滤算法来提升计算速度。主要方法包括：

（1）缩小搜索半径。较小的计算搜索半径可以显著减少声源和候选建筑，尤其是在高密度计算区域，如图 5-2（a）所示。

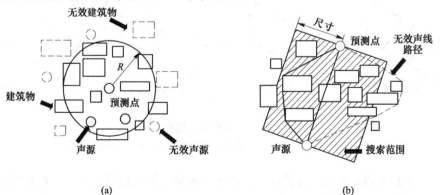

(a)　　　　　　　　　　　　　　(b)

图 5-2　求解范围中的有效障碍物过滤机制

（2）控制搜索范围的大小。可以在一对源点和预测点之间定义一个搜索范围，如图 5-2（b）所示。绕射声线路径计算中不包括范围外的建筑物和障碍物，如果在该范围内没有找到声线路径，则搜索停止，即使范围外可能存在一些有效的声线路径也停止。

（3）控制声线路径搜索外推法的迭代次数。经过一定的声线路径搜索迭代后，即使可能存在一些有效的声线路径，算法也会提前终止。

目前，几乎所有的商业噪声地图软件都或多或少的实现了上述类似的方法。

5.2.3 几何外形简化

在噪声地图中，声学目标的几何信息通常是从丰富的城市 GIS 数据中获取的。在大多数情况下，过多的几何数据对于噪声地图计算来说是不必要的，因为这会导致较大计算开销，尤其是在 GPU 等单核计算能力不强的计算载体上。最常见的几何信息冗余的情况是多段线类型对象或多边形类型对象上的控制点过多，如图 5-3 所示。大多数常用的商业软件，都可以通过降低对细节的展示程度来简化折线类型的几何对象（道路、铁路或等高线等对象）。例如，在商业软件 Cadna/A 中，任何位于与连接两个相邻点的直线之间的指定距离的对象点都将被删除并在计算中忽略。几何简化的方法也可以扩展到多段线或多边形类型的对象（如建筑物和障碍物），如图 5-3（a）（b）所示。

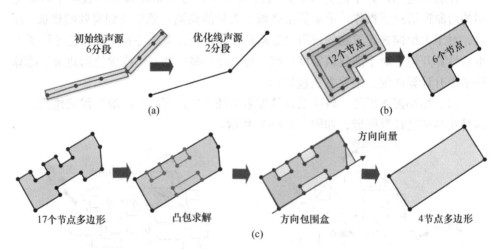

图 5-3　几何外形简化

（a）多段线对象的简化；（b）多边形对象的简化；（c）方向包围盒简化

为了最大限度地提高计算性能，还有一种更为彻底的简化方法，即用定向包围盒方法简化多边形类型的对象（见图 5-3（c））。利用这种方法，我们可以找到给定多边形对象的最小包围矩形。该算法基本步骤概述如下：

（1）计算给定目标点云（由对象几何信息中的节点构成）的凸包。

（2）对于凸包的每个边，计算边方向，使用此方向旋转凸包，以便轻松计算边界矩形区域，并将对应的方向存储为找到的最小区域的方向向量。

（3）根据方向向量，计算出包围矩形面积，然后将包围矩形转化为优化后的声学对象。

作为噪声地图计算的预处理步骤，不需要在计算过程中实时实现几何简化。简化步骤可在计算开始时调用，并且只执行一次即可。简化后的数据可以存储在文件系统或数据库中，以便在新的噪声地图任务中进行重用。由于在简化步骤中丢失的一些几何信息可能会影响最终的计算精度。因此在任何一种简化方法使用之前，用户必须根据实际情况和具体要求进行利弊权衡。

为了验证上述定向包围盒方法简化对计算结果的影响效果，可通过一个小范围噪声地图的计算结果来进行对比。图 5-4（a）（b）在一个小区域内给出了两个局部噪声地图计算结果，比较了建筑物采用几何简化方法对计算结果的影响。该算例不仅仅给出了二维噪声场分布的计算结果，也绘制了建筑物立面噪声分布情况，如图 5-4 所示。针对实验区域，采用几何简化法计算的最终时间消耗为59s，采用未简化原始几何数据进行计算的时间消耗为 183s。可以看出，几何简化可以明显地提高计算速度。简化后造成的计算精度损失可通过计算误差来体现。经统计表明，该计算区域几何简化实验计算结果中误差值小于 1dB 的格点数为 91%，而所有格点中最大的误差值也没有超过 3dB。

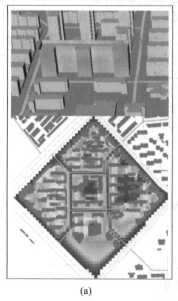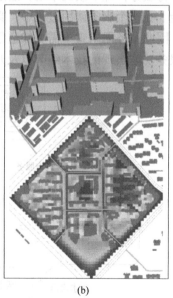

(a)　　　　　　　　　　　(b)

图 5-4　实验区域计算结果对比

（a）未采用简化的几何对象；（b）采用简化几何对象

5.3　分布式并行计算

目前主流商用噪声地图绘制软件，如 Cadna/A 和 SoundPlan，都具备并行计算能力。其并行模式一般为：软件多节点部署并直接通讯、子任务分发、子任务计算、结果汇总展示。此并行模式的优点是机制简单、实现容易；缺点是系统部署较为复杂，系统柔性、容错性和冗余性都较差，并且计算任务管理不够灵活，难以应对大型噪声地图绘制项目中的软硬件环境重构及海量计算任务数据管理。

本节将介绍一种面向服务的噪声地图绘制分布式计算技术，旨在提高大规模噪声地图绘制求解效率的同时提供良好的系统柔性及任务管理能力。

5.3.1　基于 SOA 的分布式计算机制

为了达到分布式计算中的松耦合和部署灵活性，可采用 SOA 理念打造噪声地图分布式计算平台。SOA 提供了一个服务的动态请求发现机制，称为面向服务对象的体系结构。如图 5-5 所示，服务提供者负责在网络上部署服务，并在一个或多个服务注册对象上注册自己的服务，同时将访问该服务的一个代理对象发布到这些服务注册对象上。由于服务代理是由服务提供者构建、配置并发布，它配置了服务提供者的具体位置、通信协议。服务需求者请求该服务后，会通过相应的代码服务将服务代理下载到本地，通过服务代理与服务提供者产生链接以实现相应的功能。在整个服务调用过程中，真正的服务调用和通讯实际上是由服务代理完成的，因此服务需求者不需要知道服务提供者的具体位置和通信协议，更不需要了解服务功能实现的技术细节以及开发语言。与此同时，服务提供者和服务

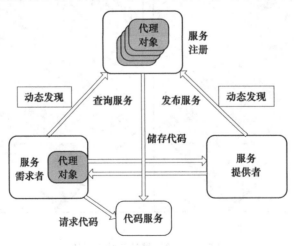

图 5-5　SOA 中的服务注册、发现及调用机制

需求者在查找服务注册对象时采用了多播技术来实现注册方的发现协议，因此也无需知道具体的服务注册对象的地址。服务代理的引入，正是能够实现 SOA 松耦合特性的基础。

5.3.2 计算任务分割

分布式并行计算以离散格点求解的方式绘制噪声地图，每一个格点的求解过程独立于其他格点，因此其算法具备天然的并行性。在分布式计算过程中，一个大的求解区域需要被分解成若干子区域并发送到分布式节点上用于计算求解，如图 5-6 所示。在计算区域分割的过程中，每个子求解区域需要按照格点搜索半径增加缓冲区，否则会造成子任务区域四周边界处在进行格点求解时由于信息不全而导致求解错误。其中，格点搜索半径是一个系统求解控制参数，用来控制一个格点受多大范围内的噪声源影响；而求解时需要的信息包括地形、声源及城市建筑等对象。子任务区域的缓冲区保证了子任务信息的完整性，使得分布式求解结果的累加与单机串行方式求解的结果完全一致。

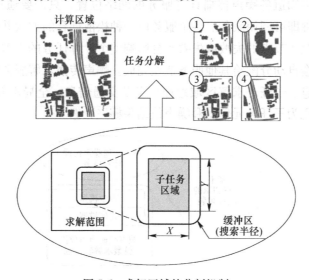

图 5-6　求解区域的分割机制

5.3.3 计算能力服务化

一个完整的噪声地图分布式计算平台的基本功能应包括：

（1）提供在噪声地图绘制中的典型声学对象的人机交互建模环境，包括各类理想声源对象、声屏障对象、建筑物对象、城市道路对象、地形等高线对象等。

（2）能够对常用 GIS 数据格式进行解析和存储，并能将通用 GIS 信息转化为系统中的声学对象信息。

（3）实现一个柔性可扩展的城市交通噪声预测模型算法实现库。

（4）实现针对预测点的噪声预测求解算法。

（5）实现噪声地图的网格求解及可视化。

利用 SOA 机制进行噪声地图绘制分布式计算需要解决两个主要问题：

（1）需要将串行的任务计算过程做并行化处理。

（2）需要将系统中的噪声地图预测算法封装成 SOA 服务。该服务应该能够处理给定的计算任务，按照匹配的声源模型设置和传播模型计算步骤进行格点仿真计算，并将结果返回。

噪声传播求解服务的实现主要依赖于 ISO 9613-2 标准以及 CATNMP 提供的通用计算几何相关算法，如图 5-7 所示。在此二者实现的基础上，利用 SOA 技术进行服务的封装，实现通用服务封装调用接口，进而实现交通噪声传播计算服务。噪声传播计算服务具备 SOA 服务松耦合调用的特质，噪声地图求解计算任务的管理者无需知道各噪声传播计算服务的网络位置，只需要通过 SOA 平台的服务查找中间件即可调用服务。各个服务以一种松散耦合的方式共同完成一个计算任务，某个服务节点的失败或失效不会影响整个计算任务的求解进程，其所应该承担的任务会自动分配给其他服务节点完成。噪声传播求解服务的输入信息包括子任务元信息、子任务求解区域地理信息及交通信息、全局求解参数设置等；而服务输出信息为子任务元信息和噪声值结果栅格数据。

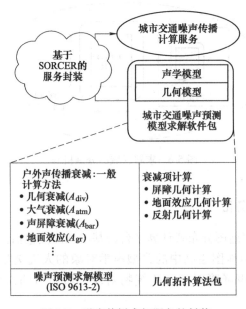

图 5-7　噪声传播求解服务的封装

5.3.4 分布式计算过程模型

噪声地图计算任务多种多样，主要包括噪声地图底图计算、三维噪声地图计算、基于监测点的动态噪声地图计算三种。并行计算过程中需要能有效协调这三类不同的任务，建立统一的过程管理模型。

（1）噪声地图底图计算。该类任务计算输入包括城市地理信息、城市交通流量信息、城市气候信息等，然后通过选择相应的预测模型和传播模型建立预测噪声地图底图。该类计算任务的计算量由网格划分精细度、声源分割精细度、反射计算次数、求解区域内建筑物数目、声源影响范围等因素决定，一般属于高耗时任务。

（2）三维噪声地图计算。该类任务主要针对建筑物外墙立面进行噪声网格计算，最终形成建筑三维网格。其主要研究交通噪声对建筑中居民的影响。该类计算任务计算复杂性的决定因素与第一类计算任务相似，另外，求解区域内的建筑物平均高度也会对其复杂性产生影响。建筑物越高，建筑物网格数目越多，求解时间就越长。一般大型城市的三维噪声地图计算任务的计算量可能超过噪声地图底图计算的计算量。

（3）动态噪声地图计算。此类计算任务一般与无线环境监测设备相结合，根据实测数据来修正第一类任务计算出的噪声地图底图。该类计算任务的计算复杂度与修正算法有关，一般不会大于同规模的第一类任务。

在分布式计算环境下，其各类任务的综合计算过程模型如图 5-8 所示。在图 5-8 中，三类计算任务可分别进行建模提交，其中噪声底图计算任务和三维噪声地图计算任务需要提供交通流量、地理信息等基本输入量，而动态噪声地图计算任务还需要进一步提供环境监测设备的位置及监测统计数据。前两类任务一般由人工手动提交，而动态修正计算任务除了手动提交外还可以自动提交，并能根据任务提交规划表建立任务提交循环策略，实现完全无人值守的自动化动态噪声地图修正计算。该策略包括了自动化任务的起始时间、更新周期和中止时间三个主要参数，同时还要给出监测数据源与道路声源的映射关系。当需要自动提交修正计算任务时，其能够自动计算出当前时段的监测值均值，作为修正计算的输入参数进行自动计算。在各类任务提交过程中，还需要指定任务执行的优先级，各个计算节点在子任务执行过程中，会依照该优先级的指示进行。在任务提交完成后，系统会自动生成各个子任务，子任务包含了任务的全部元信息及其特有的求解范围定义。子任务的定义将被存储到数据库中，由各个分布式计算节点进行读取。在计算管理工具将各个子任务分发到分布式计算节点上以后，子任务计算过程即可开始。每个计算节点都有对三类任务的子任务进行计算的能力。因此各种任务可同时混合计算，其计算顺序完全由任务优先级决定。一个子任务计算完成后，会将结果数据上传至数据库等待最后汇总。当一个任务所有的子任务完成后，所有的结果文件将被拼合成完整的计算结果供用户使用。

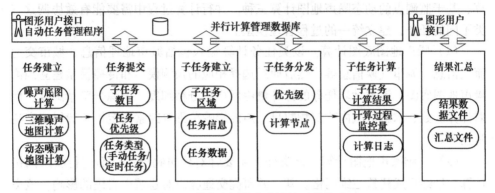

图 5-8　噪声地图分布式计算过程模型

5.3.5　分布式计算实验

利用某示范区域噪声地图绘制项目对本章分布式计算过程进行验证。计算区域基本特性与基本计算参数见表 5-1。篇幅所限，表 5-1 只列出部分重要计算参数。分布式计算实验平台采用 6 台 PC 机组成的局域网实现，实验平台基本配置与软件部署状态见表 5-2。

表 5-1　示范区噪声地图绘制仿真计算参数

参 数 名 称	参 数 值
求解区域面积	1380m × 832m
网格尺寸	10m × 10m
网格数	11454 个
声源影响半径	600m
建筑物数目	45 个
道路	6 条

整个实验任务分配如下。在 1 号主机上进行示范区域内的声学对象建模及计算参数设置，进行计算参数设置。3~6 号机上各启动一个噪声地图计算服务实例，2 号机上启动 SOA 查找服务和代码服务。1 号主机提交计算任务，子任务分割数设置及参与运算的计算服务实例数设置见表 5-3。实验完成后，从 1 号机中查看计算结果。

表 5-2 实验平台主机配置及部署状态表

编 号	配 置	功 能
1	Intel Core-3.0GHz；2G RAM；Win7-64	计算平台及分布式计算管理工具
2	Intel I5-2.67GHz；4G RAM；Win7-64	任务管理数据；SOA 查找服务；代码服务
3~6	Intel Core-3.0GHz；2G RAM；Windows XP	部署了噪声地图计算服务

表 5-3 示范区分布式计算结果

求解服务实例数	子任务数	计算时间/s	加速比	效率/%
1	1	213		
2	2	114	1.87	94
3	3	94	2.27	76
4	4	71	3.00	75
4	8	62	3.44	86
4	12	63	3.38	85

图 5-9 给出了在子任务数目与参与计算的服务实例数目相同时的分布式计算时间与计算实例数之间的关系。在这种情况下，一个计算服务在整个求解过程中只参与一个子任务的计算。由图 5-9 可以看出，随着子任务数与计算服务实例数的增加，求解耗时在逐渐减少，但并行计算效率明显降低（见表 5-3），考虑到各子任务的求解过程中不存在重复计算和通讯交互，因此计算效率的下降主要是由各子任务之间的计算量不均衡引起的。在一个区域的噪声地图计算过程中，子任务是以面积均分为原则而建立的，虽然求解面积相当，但相应面积内的求解复

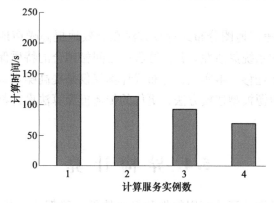

图 5-9 计算服务实例数与计算时间关系

杂度不同。当一个子任务区域内的建筑物数量或声源数量较多时，计算时间将会增加。因此在每个计算服务只进行一个计算子任务的计算时（各计算服务硬件水平相当），整个任务的计算耗时一般由最复杂子任务的计算耗时决定，因此会产生并行计算效率下降的情况。如表 5-3 所示，当将子任务分割数目增加到 8 个和 12 个时，虽然仍然是 4 个计算服务实例参与求解，但其并行计算效率有所提高，能达到 85% 以上。这是由于更细化的子任务分割削弱了局部面积计算复杂度的差异性。但子任务分割数目也并非越多越好，过多的子任务将增加通讯时间消耗，同时整体计算结果汇总过程也将消耗更多的时间。

由于采用了基于 SOA 的分布式计算模式，本系统中的任务调度模块无需知道各个计算单元的具体网络位置。在应用实例计算过程中，任务调度模块作为服务需求者，直接从查找服务中下载服务代理，只需通过服务代理发送噪声地图子任务求解的求解参数和局部地理交通信息，而真正的服务调用由服务代理完成。当一个计算节点意外失效，查找服务将会注销该服务提供者，服务代理与服务提供者的链接中断。当服务代理长时间没有接到服务提供者的消息反馈时，任务调度模块将会重置此计算子任务，并向查找服务寻求新的服务提供者。当一个服务提供者动态加入服务空间后，任务调度模块将从查找服务中获取该信息，并将处于挂起状态的计算子任务（如果存在）提交给新的计算子任务求解。当一个服务的网络地址发生了变更，无需对任务调度模块进行任何修改。查找服务会自动进行旧服务注销、新服务加入的操作，任务调度模块将会获得新的服务代理对象。

通过应用实例计算发现，服务的意外中断和服务迁移会部分影响计算速度，这是由服务变更造成的子任务中断导致的。失败的子任务必须重新进行计算，因此子任务分解粒度越细，越能消解计算节点失效带来的重复计算工作量。但如前文所说，子任务数目过多可能会导致更多的通讯耗时，因此需要找到子任务分割粒度的平衡点。

基于 SOA 的噪声地图分布式计算方法在有效地提高噪声地图绘制速度的同时还提供了极大的系统灵活性。其计算服务之间松耦合的特质保证了该计算系统可以灵活的部署和迁移。事实上，分布式计算仅仅是提高噪声地图绘制效率的途径之一，更好的声源模型建模方法、更优的传播模型算法设计都能够有效地提高计算速度。

5.4 异 构 计 算

目前，噪声地图计算的商用软件和自研软件一般都是在基于 CPU 的平台上实现的，随着人工智能技术和计算机图形学技术的广泛应用，以 FPGA 和 GPU

等为代表的非 CPU 异构计算技术取得了长足发展。大规模噪声地图计算耗时巨大，很适合引入到 GPU 的计算平台上，进行 CPU-GPU 协同计算。但在使用 CPU-GPU 协同计算时，必须考虑 CPU 和 GPU 在计算能力上的差异。在噪声地图仿真计算中，之所以可以使用 GPU 的一个重要原因是其拥有大量的处理器核，这为多预测点并行计算提供了一种全新的并行解决方案。而且 GPU 的多核心成本相对是较低的，这意味着在预算和资源有限的情况下，采用低成本的 GPU 和 CPU 的混合方案能够计算出更大范围和更高精度的噪声地图。

噪声地图具有天然的并行特性，即每个预测点的计算是独立的。换言之，在多核平台上进行计算时，不同预测点之间可以没有信息交换。理论上，这意味着一个有 n 个核的 GPU 可以同时解决 n 个预测点的计算问题，并且计算过程不需要进行通信。当前的 CPU（目前常见的中端 CPU 一般只有 4 或 8 核）只能同时处理少量的预测点。虽然 GPU 在浮点运算方面有着很好的整体性能，但是 CPU 在其单核计算能力上远优于 GPU，尤其是在逻辑运算方面，CPU 的计算能力更强。因此，预测模型算法实现中不同衰减项在 GPU 计算核上的计算性能是不同的。例如，几何发散计算是一种浮点计算，所以这个衰减项非常适合 GPU 计算。但对于大气吸收衰减而言，一些查表操作和逻辑操作会占用大量 GPU 计算资源，降低 GPU 性能。

频繁的全局内存读写也会迅速降低 GPU 的计算效率，因此 GPU 计算过程中的一些步骤，如声屏障效应的求解，往往会导致效率瓶颈，因为这类衰减项需要频繁地从原始 GIS 数据中调用几何信息。因此，针对 GPU 上的特殊算法优化是必须要考虑的问题。有时为了提高 GPU 的计算性能，可以忽略一些影响不大的声线路径。另外在 GPU 上可能的优化选择包括有无反射计算、最大反射阶数（在 GPU 内核上一般不大于 2）、有无侧向绕射声线计算、线声源分割粒度等。

本节着重探讨的是利用 CPU 和 GPU 对噪声地图进行联合求解的方法，同时讨论如何基于异构计算平台构建分布式的计算环境，将具备不同计算能力的若干计算资源进行统一的管理并参与噪声地图的计算。

虽然商用噪声地图软件一般都具备并行计算能力以应对大计算量，但这些机制往往比较死板不灵活，对其网络环境和环境中计算节点的质量要求都比较高。更重要的是，商业噪声预测软件对预测模型和传播模型的实现对于用户来说是不可见的，因此无法将不同软件的计算结果进行拼合，因为其计算方法可能是不同的。这就使得开发一个统一的计算管理平台变得困难。

作为高性能计算的重要技术，GPU 计算目前还未被商业噪声地图计算软件所采用，因此本节介绍的技术内容是建立在一个实验室级别的自主研发 GPU 噪声地图计算平台上的。

根据中国的环评导则可在 GPU 上构建噪声地图计算内核，同时需要保证 GPU 算法实现和 CPU 算法实现具有高度一致性。该计算内核能够支持分布式的多机、多 CPU 以及多 GPU 的联合运算，并利用一个分布式计算管理系统统一进行管理。

另外，本节还将详细探讨大型计算任务如何分配的问题，因为 CPU 计算模式和 GPU 计算模式相比具有很大的差别。需要建立一种大规模噪声地图任务的任务量建模和估算方法，以及根据硬件条件进行任务的自适应分割方法。利用这些算法来处理异构联合计算中的负载均衡问题。

5.4.1   基于 GPU 和 CPU 的混合求解器

一般的预测模型计算软件，包括商业软件，尽管在预测模型计算的细节上不尽相同，但无一例外的是都采用 CPU 核心计算的思路。一旦采用 CPU 和 GPU 联合运算，我们在研发计算内核的时候就不得不考虑 GPU 和 CPU 在计算能力上的差异性。

一般来讲，采用 GPU 计算是利用其数量巨大的计算核心，目前常用的桌面级别 CPU 拥有 4~8 个核心，但是常用的桌面 GPU 拥有几百个计算核心，而专业级别的科学计算 GPU 则拥有几千个计算核心。噪声地图计算本身具备天然的并行性，首先是每个预测点的计算相对独立，不依赖于其他预测点的计算结果。理论上，一个 4 核 CPU 可以同时求解 4 个预测点，而一个 640 核的 GPU 可以同时求解 640 个预测点。但是我们不得不指出的是 GPU 核心的计算能力和 CPU 核心的计算能力是有巨大差异的。最主要的差异是 GPU 核心的逻辑运算能力大大弱于 CPU 核心，针对可并行化的计算问题来说，GPU 只在浮点运算上相对 CPU 有较大的优势。对于噪声地图求解来讲，不同的衰减量的计算模式是不同的。例如，几何发散衰减项其计算过程相当直接和简单，没有任何逻辑判断，因此利用 GPU 计算是非常有优势的。但是对于大气效应来讲，其中可能会有查表操作，因此其 GPU 计算的优势就不会像几何发散计算那么明显。

另外一个需要注意的是内存使用。GPU 计算中如果有大量的针对内存的操作则会较为显著地降低计算效率。GPU 中的内存管理比较复杂，每个计算核心拥有的高速寄存器的容量很小，一旦超出其范围，就必须使用存取速度十分缓慢的全局存储。例如，对屏障衰减项的求解可能就会遭遇这个问题，因为屏障衰减可能要频繁地读取大量的与建筑物相关的几何数据。

GPU 使用过程中存在的另一个性能瓶颈，就是内存和显存之间频繁的数据交换操作。但这在噪声地图计算中其影响并不大。因为噪声地图计算不需要频繁的在二者之间交换数据，只需要在计算开始时和计算结束时交换一次即可。当然，如果需要保存某些计算过程的中间数据的话可能情况会有所不同，但是这种情况一般还是比较少见的，我们一般只关注预测点的最终预测结果即可。

GPU 计算内核的开发难度要比 CPU 计算内核大很多。虽然所有的算法都是共享的，在 CPU 内核开发的过程中可以引入大量现存的第三方计算类库，一方面可以减少开发工作量，另一方面充分测试和优化的第三方算法库可以提供高鲁棒性和快速的算法，但是在 GPU 端，几乎所有的算法甚至是数据结构的实现都要重新做起。这就需要通过充分的测试来保证算法与 CPU 端的一致性以及算法的可靠性。

5.4.2 异构计算调度机制

图 5-10 给出了在 CPU 和 GPU 上协同噪声地图任务计算的机制。首先计算的整体区域被分割成几个小块，被包装成若干个子任务。然后，任务调度器决定哪个区域适合在 GPU 上计算，哪个区域可以由 CPU 处理。在计算主机上，GPU 和 CPU 任务可以同时完成。在 CPU 计算之前，需要的任务数据和计算配置将被复制到主机内存中，CPU 可以直接访问主机内存。然后，根据其空闲核数，CPU 启动适当数量的线程等待噪声地图计算。每个 CPU 线程可以处理一个或多个子任务。GPU 上的子任务分配过程比较复杂。使用 CUDA 技术，将子任务数据和主机内存上的计算配置分别复制到 GPU 的全局内存和常量内存中。CUDA 中的基本计算单元被命名为流式多处理器（Streaming Multi-Processors，SM），每个 SM 包含数十个流式处理器（SP）。理论上，每个 SP 可以独立执行噪声地图的计算内核，这意味着一个拥有 640 个 SP 的 GPU 可以同时求解 640 个预测点。每个 SP 可以处理子任务的一个或多个网格单元（相当于预测点的网格单元）。所有的计算结果都存储在全局内存中，最后从 GPU 内存拷贝到主机内存作为批处理。

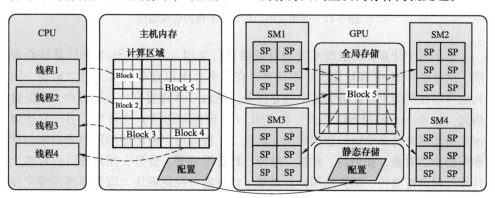

图 5-10 CPU-GPU 异构联合计算的调度机制

5.4.3 异构计算内核结构

图 5-11 说明了噪声地图异构计算平台的三个层次：内核、Shell 和 GUI（图

形用户界面)。在内核层,噪声地图预测模型在 GPU 和 CPU 上实现。声学对象是一个统一结构的可运行在 CPU 和 GPU 上的计算对象。Shell 层实现了一个命令引擎来支持命令驱动模式。命令引擎提供了一组计算机函数,用于解析传递给平台的命令行选项。另外,命令引擎还需要能够打印帮助信息,对命令行工具的功能和调用方式进行详细说明。该命令引擎应该支持使用脚本语言(如 Python 等)来实现任务控制的自动化。此外,Shell 还提供了基本的输入输出操作能力、数据接口和 API (应用程序接口),这些都可以供第三方软件使用。Shell 的核心模块是任务调度器和任务管理器。任务调度器可以将大规模的噪声地图计算任务分解为若干个较小的任务,并通过给定的策略将子任务分布在异构计算环境中。任务管理器可以创建、编辑、删除或提交计算任务。任务管理器和监视器还能够提供计算过程中的所有详细信息。

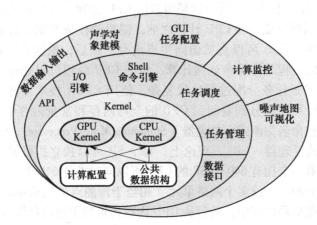

图 5-11　噪声地图异构计算平台的层次结构

　　为了便于计算,一般将 GUI 设计成跨平台架构,并且与 Shell 和计算核心解耦。这意味着 Shell 和计算核心不仅可以在服务器上以命令行方式独立启动,而且也可以在网络上被封装为若干独立服务。平台 GUI 需要支持读写多种 GIS 矢量格式,如 shapefile (ESRI 格式) 和 GML (地理标记语言) 文件等。另外它还应该支持读写来自多个空间数据库的元信息。工程师可以使用图形用户界面来创建和编辑声学对象,如声源、建筑、屏障、计算区域等。此外,用户还可以对整个计算过程进行监控,噪声地图计算结果可以借助可视化模块,以等值线图或光栅图的形式显示出来,并提供基本的查询功能。

　　平台的 Shell 和 GUI 开发一般采用 Java 和 C++等具备跨平台能力的语言。一般基于 GPU 的计算研发主要采用 CUDA 技术实现。CUDA 编程模型为程序员提供了足够的 C 语言类型的应用程序接口,可以更好更无缝地利用 GPU 的计算能力。另外,还可使用关系型数据库技术来存储分布式计算任务的元信息。

5.4.4 计算量评估

传统的噪声地图并行计算中，大规模的计算任务往往被划分成更小的子任务。一个分布式系统通过一个多任务映射或一个子进程集的调度策略来提高系统的性能。虽然并行计算可以减少计算时间，但减少的量与计算节点数的增加不成正比。换句话说，并行效率永远不会达到100%。噪声地图中并行计算效率低下的原因主要包括：

（1）通信开销。频繁交互的并行系统中，通信开销往往很大，会降低性能增益。由于分布式异构计算可以是多核计算、多机分布式计算、CPU-GPU协同计算或这些计算的任意组合，因此导致通信开销的原因是多种多样的。在传统的并行计算中，进程通信、线程通信和网络通信是主要通信开销，而在CPU-GPU协同计算中，GPU内存与主机内存之间的数据传输成为一个重要瓶颈。另外计算时间具有累加效应，即如果一个进程元素承担多个子任务，则通信开销将很大。

（2）计算节点的计算能力不平衡。在分布式异构计算中，不同类型的计算节点具有不同的计算能力。例如，浮点运算在GPU中比在传统CPU中快得多，但CPU在单核逻辑运算能力上却比GPU好得多。另外，不同架构和型号的CPU也拥有完全不同的单核计算能力。计算能力的不平衡会导致某些计算节点产生任务等待的空闲时间，造成计算资源的浪费。

（3）子任务计算规模不平衡。在噪声地图分布式计算中，即使计算节点具有相同的硬件配置，不同难易程度的计算任务也会导致某些节点的空闲等待时间。有些计算问题可以很容易地划分为具有相同计算规模的子任务，如矩阵乘法中的块分割算法。但噪声地图计算任务却没有这种特质，当将大规模计算区域划分为更小的计算区域时，相同的计算区域并不一定意味着等价的计算规模，甚至有时子任务之间的计算难度差异非常大。

为了解决上述问题，一般需要采取以下方法来提高噪声地图的分布式异构计算效率。

（1）计算任务必须以较粗的粒度进行划分，否则子任务过多会导致通信开销过大。换句话说，不鼓励使用大量的子任务来抵消不平衡的计算负载。

（2）对噪声地图任务的计算成本采用定量测量的方法进行评估，并用该方法控制大规模的任务划分过程，从而生成相似规模的子任务以实现负载平衡。

（3）需要一种灵活的子任务调度方法，将一组噪声地图子任务分配到异构计算环境中。

在上面的因素中，最重要的概念之一是计算成本的量化度量。虽然计算成本不能直接表示计算区域的计算时间，但它们之间应该存在正相关关系。影响计算时间的因素包括软件效率、硬件性能和任务难度。计算成本可以看作是任务难度的一种表征，是在相同的软硬件环境下比较不同任务之间计算时间的一种估计器。

利用一组地理信息系统数据，可以很容易地计算出计算区域内有效预测点的数量。但有时即使在完全相同的硬件条件下，不同位置的预测点的计算成本也有很大的不同。因此，需要一种相对准确的测量方法来估计实际噪声地图的计算成本，而不是仅仅利用有效预测点的数目来预测计算时间。

几乎所有的商业软件包都可以以进度条或运行时百分比的形式提供进度估计，但在分布式异构计算中这是不够的。在并行计算模式中，如果在任务执行之前实现计算成本的度量，则可以通过调整子任务区域的大小来估计每个子任务的计算难度，从而实现负载平衡。

5.4.4.1　影响计算量的主要因素

在计算规模的定义中，需要找出影响计算成本的最主要因素。通常，交通噪声预测模型中的参数配置或公式求解对计算时间的贡献很小。而最耗时的部分是寻找有效的噪声声线传播路径。每个传播路径由一组声线路径组成，这些路径可以是直接的、反射的、绕射的或是它们的各种组合。在噪声地图计算任务中，影响所有有效声线路径规模的相关因素总结如下：

（1）有效预测点的数量。在其他条件不变的情况下，任务的计算时间随着计算区域内有效预测点的增加而增加。在噪声地图计算的预处理中，精细网格划分会产生更多的预测点。然而，并不是所有的点都是有效的预测点，因为在噪声地图中不需要计算与建筑物位置重叠的点。

（2）交通声源等效点的个数。在噪声地图中，道路交通声源和铁路声源都可以转换为线声源，并且通过不同的方法都可以等效为若干个点源。具体的等效方法包括等角等效、均匀步长等效或动态变量等效等。原生的点声源和等效生成的点声源具有同样的形式，都有可能成为等效点声源。对于一个预测点来说，需要计算的有效点声源越多，计算时间就越长。

（3）有效屏障或建筑物的数量。为了找到反射和绕射声线路径，软件需要在障碍物或建筑物中迭代搜索。在整个计算过程中，搜索算法占用的计算时间往往是最多的。因此，对于一个预测点预测，有效屏障或建筑物的数量是影响计算时间开销的最重要因素。

5.4.4.2　计算规模度量

定义 5.3　使用 N_{erp} 表示计算区域中有效预测点的数量。

定义 5.4　使用 s_a 表示扩展计算区域。扩展计算区域是由原始计算区域加上缓冲扩展空间形成的区域，如图5-12所示。对于一个矩形计算区域，有 $s_a = lw + 2r(l+w) + \pi r^2$，式中 l 和 w 分别表示计算区域的长和宽，r 表示预测计算中的声源影响半径。

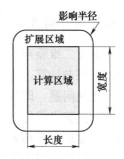

图 5-12　计算区域及其扩展区域

定义 5.5　使用 N_{bv} 表示扩展区域内的建筑物和屏障几何对象中几何顶点总数。

定义 5.6　设 $C_{bd} \in (0, 1)$ 为建筑物及障碍物分布的影响因子，且该因子越小，建筑物和障碍物产生的位置分布影响程度越大。

定义 5.7　使用 N_{ps} 表示包含原始点声源和离散点源在内的点源的总数。离散点声源通常由线声源或面声源等效而成。由于线声源的动态等效机制的影响，我们很难实时准确计算出等效点声源的精确数目，因此可以采用一种简单的估计方法来计算 N_{ps} 的值，见式（5-1）。

$$N_{ps} = N_{ops} + \sum_{i=1}^{n_{line}} (L_i / \alpha) \tag{5-1}$$

式中　　N_{ops}——原始点声源的数量；

　　　　n_{line}——线声源的数量；

　　　　L_i——序号为 i 的线声源长度；

　　　　α——线声源离散方法中的离散因子。

定义 5.8　使用 H 表示求解区域的计算规模度量，见式（5-2）。

$$H = \beta N_{erp} (N_{bv}^{\gamma} + \delta)(\pi r^2 N_{ps}^{\varepsilon} / s_a) \tag{5-2}$$

式中，β 是由硬件性能决定的系数。引入 β 的目的是使计算规模度量以一种便于理解的方式表达，使 H 值接近以秒数为度量的实际任务计算时间。系数 γ 和 ε 分别为建筑物和与测点的数量权重，δ 是由声屏障和反射引起的衰减项相关的计算规模度量权重。需要指出的是，该计算规模估计方程是与声线反射影响高度相关的。而声线反射对预测计算时间的开销的贡献取决于潜在的反射面数量和最大反射次数设定，其最基本的影响因素还是建筑物或障碍物的数量，因为绝大多数情况下正是声屏障或者建筑物的表面形成了反射面，所以可以通过调整系数 γ 来反应反射声线对计算规模的影响。

5.4.4.3　GPU 适应度

定义 5.9　GPU 适应度用 F_g 表示，利用 F_{gi} 表示第 i 个子任务的 GPU 适应度，F_{gi} 的计算表达式如下：

$$F_{gi} = \min (H_g) / h_{gi} \tag{5-3}$$

式中　　h_{gi}——指定第 i 号区域的 CPU 计算规模度量，$h_{gi} = N_{erp} N_{bv} N_{ps} / s_a$；

　　　　H_g——所有子任务的 GPU 计算规模。

需要注意的是 h_{gi} 必须大于 0 且 $F_{gi} \in (0, 1]$。

5.4.5 基于遗传算法的子任务划分

通常二维噪声地图和三维噪声地图都需要设置一个二维平面来作为求解区域，以限制计算范围。在求解区域中进行计算任务划分实际上属于 NP 难的二维组合优化问题。即使是采用遗传算法等智能优化算法在很多时候也无法在可接受的时间内获得优化解。为了提高计算效率并扩大可计算问题规模，可将计算任务划分问题进行降维处理，即将一个二维优化问题转化为多个一维优化问题的叠加。这样使用多个步骤组合的遗传算法就变得可行了。整个算法过程和步骤（见图 5-13）如下。

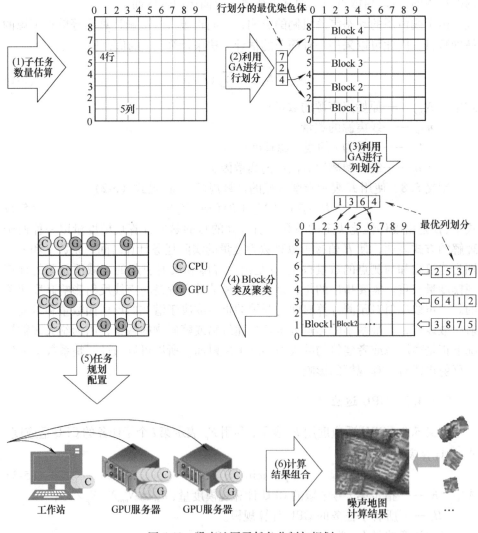

图 5-13 噪声地图子任务分割与规划

（1）估计子任务的数量，计算行分区大小和列分区大小。

（2）行划分。在这个阶段只需要一次遗传算法的迭代。此步骤将生成具有几乎相同计算比例值的行块。

（3）列划分。第二步生成的每一个块在这一步都将被遗传算法进一步分割，这一阶段包括一维遗传算法的多次迭代，然后生成计算任务的最终划分结果。遗传算法可以保证子任务具有几乎相同的计算规模。

（4）块分类。最终分区的每个块都标有计算比例值和 GPU 适应度值。这个阶段可决定哪些块由 GPU 计算，最后生成 GPU 子任务集和 CPU 子任务集。

（5）子任务调度。GPU 子任务集和 CPU 子任务集部署在不同的计算节点（GPU 服务器、工作站或 PC）上。在这一步中，可根据获得的节点上下文信息来估计节点的计算能力，然后根据节点的计算能力分配相应的匹配子任务。需要注意的是，在步骤（2）和步骤（3）中测量给定块的计算规模时，已经考虑了相邻分区的影响，并且计算区域的扩展区域中的所有必要信息也将传送到目标计算节点。这就保证了并行计算机制在将任务划分到一起建立噪声地图时，能够得到与传统计算机制完全相同的结果。

（6）噪声地图结果组合。从所有计算节点收集子任务的结果并合并为一个完整的噪声地图。

在上述步骤中，可使用遗传算法作为优化计算的主要方法。首先配置计算参数，然后生成 k 染色体的随机种群（即问题的一组可行解），再计算群体中每个染色体的适应度函数，紧接着通过选择、交叉和变异等遗传算子生成新种群。最后，如果满足停止条件，则返回当前群体中的最佳染色体。该算法的主要流程如图 5-14 所示。

5.4.5.1 子任务数量估算

估计子任务数量的目的是在计算区域的基础上计算出每行分块数和每列分块数的大小，以便估计有多少子任务以及如何对子任务进行部署。具体分为三个步骤：

（1）根据计算区域的网格分布计算 N_{erp} 值。另外，针对每个子任务区域，设置并初始化有效接收点所允许的最大数量 N_{max}。

（2）估计子任务集 S_{st} 的大小，其估计方法按照下述表达式实现：$S_{st} =$ round(N_{erp}/N_{max})，其中的 round 函数表示整数圆整。

（3）计算行划分尺寸，利用 $S_{row} = round(\sqrt{S_{st} d_{width}/d_{length}})$ 进行；计算列分割尺寸，利用 $S_{col} = round(S_{st}/S_{row})$ 进行。其中 d_{width} 和 d_{length} 为计算区域的长度和宽度。

需要指出的是，一般在面积等同的情况下，正方形区域的子任务比矩形区域

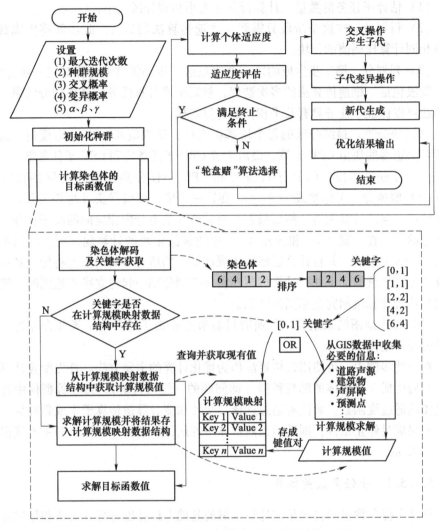

图 5-14　使用遗传算法进行任务划分的计算流程

子任务的扩展面积小，这意味着需要参与计算的声学对象也会减少。由于声学对象筛选操作是影响计算速度的重要因素，因此无论采用何种估计方法，一般都需要尽量确保子任务块的形状接近正方形。

5.4.5.2　染色体编码

在行分块和列分块中，可以采用相对比较简单且常用的染色体编码方法：整数字符串编码。如图 5-13 所示，在计算区域的网格中，行和列的编号为从 0 开始的以此递增的整数，并且一个分区结果可以被编码为索引列表。在该编码规则中，可以使用大于等于 0 以及小于行或列索引数的区间之内的整数排列。需要注意的是，编码方法与索引的顺序无关。例如，染色体编码 [7，2，4] 等同于染色体编码 [4，7，2]，因为这两条染色体意味着相同的分割结果。

5.4.5.3 目标函数

在遗传算法求解的循环迭代过程中，需要计算目标函数。目标函数的计算是任务划分过程中最重要的一步（参考图 5-14 中的子过程："计算染色体的目标函数值"）。目标函数的计算并不是简单的解析式求解，而是包含了很多复杂的子程序和步骤。为了保持分布式并行计算中的负载均衡，我们基于遗传算法提出子任务计算规模集产生的标准差作为目标函数，如式（5-4）所示。

$$\sigma = \sqrt{\frac{1}{n} \sum_{i=1}^{n} H_i} \tag{5-4}$$

式中 n ——行分割或者列分割中的块总数；

　　　H_i ——第 i 分割块的计算规模。

上述目标函数的求解是一个典型的计算密集型过程。完全相同染色体或等价染色体的目标函数值实际上只需要记录一次，因为当该染色体再出现时如果重复计算的话会消耗大量的计算时间。这就需要设计一种存储计算规模和染色体之间映射关系的数据结构来存储目标函数计算结果（见图 5-14）。使用该数据结构可以使计算过程更加清晰并避免了大量重复计算。该数据结构以记录的方式组织数据，每条记录保存一个分割结果的计算规模数值，可采用类似键值对样式的存储方式。其中值为计算规模，而键则由一个形式化的二元组（index，size）标识，其中 index 和 size 分别是给定分割块的起始索引和尺寸大小。

目标函数计算的初始化包括两个步骤：染色体排序和键值对中的键生成。在计算目标函数时首先通过键值匹配来判断当前的计算规模数值是否已经在前期某个迭代步骤中被计算过。如果键存在，则直接从数据结构相应的记录中获取匹配值作为计算规模数值。

5.4.5.4 适应度评估

遗传算法计算过程中需要构建适应度函数，这已经在定义 5.9 中给出。另外，还需要对前文提到的目标函数进行变换，以便具有更高适应度函数值的染色体有更大的机会在下一代中被保留。一般我们定义具有较小目标函数值的染色体具有较高的适应度。为此可以创建一个非常简单的适应度函数，见式（5-5）。

$$f_j = \frac{\max(F_g) - \sigma_j}{\max(F_g) - \min(F_g)} \tag{5-5}$$

式中，F_g 为给定一代染色体的目标函数集合，$F_g = \{\sigma_1, \sigma_2, \cdots, \sigma_k\}$，且有 $\sigma_j \in F_g$；k 为每一代中染色体的数量；σ_j 为染色体 j 的适应度函数值。

5.4.5.5　选择、交叉和变异

遗传算法通过使用选择算子对适应度函数进行评价后，可计算该代染色体适应度函数之和。然后在介于 0 和上面的和值之间选择一个随机数。选择累积适应度函数值超过随机数的个体作为新一代的一部分。

选择完成后，进行染色体的交叉操作。单点交叉和双点交叉有很多种方法（如单点交叉、交叉和交叉）。我们的解决方案选择单点交叉算子从母体染色体中选择基因并产生新的后代，如图 5-15（a）所示。该交叉算子使用从 1 到 m 的随机交叉点，其中 m 是一条染色体的大小。根据交叉点将双亲分成两部分，子代直接从第一个亲本继承第一部分，另一半从第二个亲本继承。

在执行交叉算子后，在遗传算法中使用基本变异算子，如图 5-15（b）所示，这是为了防止种群中的所有解陷入已解决问题的局部最优。变异算子随机改变新的后代。对于索引十进制编码方法，我们可以将一些随机选择的索引从旧数字切换到新数字。我们确定新的数字是计算区域网格的合法索引。

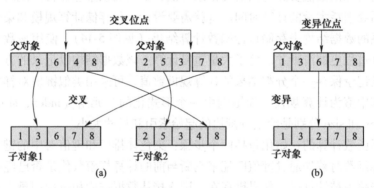

图 5-15　遗传算法操作算子

（a）交叉算子；（b）变异算子

5.4.5.6　子任务规划分配

任务划分完成后，将生成一系列计算规模相近的块，下一步是在进程元素（PEs）或 GPU 上分配子任务。图 5-16 示意性地描述了子任务调度策略的详细流程。首先根据 GPU 适应度对划分块进行排序，然后在 GPU 上分配合理数量的 GPU 适应度较大的块，剩余的块在 CPU-PEs 上计算。下一步将面临两种情况。在第一种情况下，剩余的块可以精确地分配到 PEs 上，此时只需要根据计算规模

对块序列进行排序，然后再结合大规模和小规模的块调度器来创建块调度器。在第二种情况下，块不能被分配到均衡的 PEs 上。块的数量不能完全被 PEs 的数量整除（这里假设 PEs 具有相似的计算能力）。在这种情况下，一些块可以进一步平均分割，以便在 PEs 上进行负载平衡。

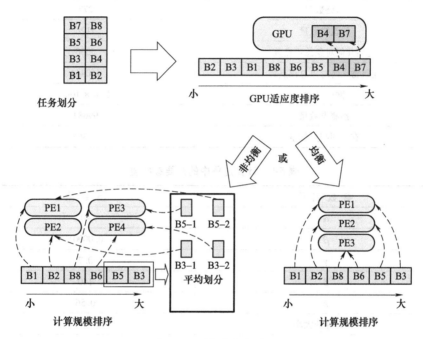

图 5-16　子任务规划分配

5.4.6　异构计算案例

本节通过一个异构计算的实际算例，来验证前文提到的基于遗传算法的任务划分方法，并对异构计算对计算效率的提升情况进行具体分析。

5.4.6.1　案例描述

在下面的例子中，平台和计算内核生成了示范区（约 $14km^2$ 的虚拟区域）的噪声地图。示范区基本情况见表 5-4，计算过程中的重要参数值见表 5-5。使用三台 PC 主机构建异构分布式计算环境，主机分别拥有 3.6GHz 四核 Intel i7 处理器、8GB RAM、1TB 硬盘和 NVIDIA GTX750TI GPU（640 CUDA 核和 2GB RAM）。在这个案例中，每个主机启动 4 个 GPU 计算线程。值得注意的是，本案例所选的 GPU 属于低端或中端类型的显卡，其价格并不昂贵，因此不会显著增加硬件成本。

表 5-4　计算区域的基本信息

名　称	数　值
区域面积	约 10km^2
扩展区域面积	约 18km^2
道路数目	277
建筑物数量	7126
道路几何对象总顶点数	5050
建筑物几何对象总顶点数	160444
网格尺寸	$10\text{m} \times 10\text{m}$
预测点数量	99684
有效预测点数量	78562

表 5-5　计算过程中的必要参数值

参 数 名 称	参 数 值
α	40
β	0.00001
γ	0.7
δ	140
ε	0.56
初始种群大小	40
交叉算子	0.8
变异算子	0.2

5.4.6.2　计算结果

本实验的实际计算步骤如下：

（1）分别根据计算规模和计算区域划分任务。

（2）计算任务的单节点计算。

（3）基于计算区域的任务划分的分布式计算。

（4）基于计算规模的任务划分的分布式计算。

（5）使用 GPU 加速分布式计算。

图 5-17（a）示出了通过平均分割策略的分割结果，并且示出了块的数字序列。作为对比，图 5-17（b）示出了基于 GA 的划分结果，并且示出了每个块的计算尺度（CS）值和 GPU 适应度（GF）值。根据划分结果，下面给出了几个实验来验证计算效率的提高，包括单个 PE 上的任务计算、平均划分的 CPU-PEs 的

任务计算（实验1）、基于 GA 划分的 CPU-PEs 的任务计算（实验2）、基于 GA
划分的子任务规划与计算（实验3）、GPU 的子任务规划与加速（实验4）。
表5-6列出了每个 PE 或 GPU 上的子任务分配状态和计算时间。注意，实验1中
的块是从平均分区（见图5-17（a））中引用的，而实验2~4的块是从 GA 分区
引用的（见图5-17（b））。

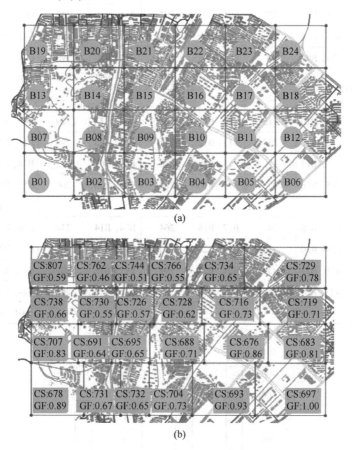

(a)

(b)

图 5-17   计算区域划分结果
（a）基于求解面积平均划分；（b）基于遗传算法的划分优化

单个 PE 的任务计算时间为 2793s，实验1~4的参考值不超过 500s（见
图5-18）。分布式计算可以显著提高计算效率。而实验1的加速比仅为 6.44，与
理想的线性加速比（线性加速比＝PEs 数＝12）还有很大差距。如表5-6和图5-
18所示，我们的任务划分方法和子任务调度方法可以显著提高分布式计算的加
速。实验2和实验3的加速比分别为 7.31 和 9.37。这意味着并行效率从 54% 提
高到 78%。与实验3相比，实验4的 GPU-CPU 协同计算的测试速度进一步提高
了 21%。同时，实验4的并行效率仍然很高，约为 74%。

表 5-6   实验结果

主机编号	计算节点编号	实验 1 (根据面积划分任务)		实验 2 (根据计算规模划分任务)		实验 3 (在实验 2 的基础上进行子任务规划)		实验 4 (在实验 2 的基础上使用 GPU 进行计算加速)	
		任务分配	耗时/s	任务分配	耗时/s	任务分配	耗时/s	任务分配	耗时/s
主机 1	PE1	B01，B02	257	B01，B02	287	B11，B19	229	B02，B13-1	235
	PE2	B03，B04	195	B03，B04	263	B01，B22	212	B03，B13-2	156
	PE3	B05，B06	81	B05，B06	190	B12，B20	198	B04，B19-1	159
	PE4	B07，B08	282	B07，B08	225	B10，B21	237	B08，B19-2	161
	GPU1	—	—	—	—	—	—	B06，B12	205
主机 2	PE5	B09，B10	215	B09，B10	231	B08，B13	229	B09，B20-1	156
	PE6	B11，B12	155	B11，B12	191	B05，B23	298	B10，B20-2	137
	PE7	B13，B14	410	B13，B14	288	B09，B03	242	B14，B21-1	174
	PE8	B15，B16	290	B15，B16	264	B06，B02	266	B15，B21-2	184
	GPU2	—	—	—	—	—	—	B05，B07	208
主机 3	PE9	B17，B18	240	B17，B18	264	B04，B14	238	B16，B22-1	162
	PE10	B19，B20	339	B19，B20	290	B07，B24	266	B17，B22-2	139
	PE11	B21，B22	434	B21，B22	294	B17，B16	207	B18，B23-1	208
	PE12	B23，B24	212	B23，B24	382	B18，B15	263	B24，B23-2	230
	GPU3	—	—	—	—	—	—	B01，B11	174

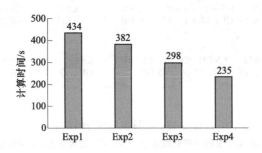

图 5-18   实验 1~4 的计算耗时对比

图 5-19 和图 5-20 为计算规模估计方法的有效性分析，原始数据来自实验 4。结果表明，无论是在 GPU 上还是在 CPU 上，计算规模和实际计算时间都呈现出一致性的趋势。

实验结束后，从所有 PEs 或 GPU 收集子任务结果，并组合成完整的噪声地图，如图 5-21（a）所示。通过使用商业单机计算软件对所提出的计算平台和商业代码进行了比较。商业软件在演示区创建结果占用了 2875s，如图 5-21（b）

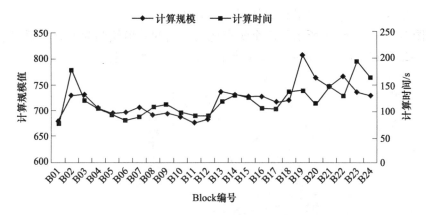

图 5-19 CPU 上不同计算任务的计算规模与实际计算时间比较

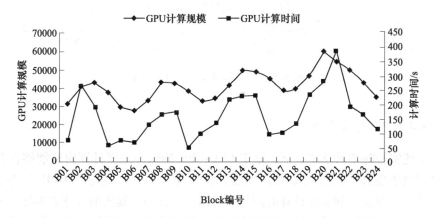

图 5-20 GPU 上不同计算任务的计算规模与实际计算时间比较

图 5-21 仿真计算结果（局部）

（a）异构计算平台计算结果；（b）商业软件计算结果

所示。在本实验中，商业软件只使用了一个 PE。

图 5-22 由图 5-21 所示的两个噪声地图之间的差值绘制为差分图而产生的。由图 5-22 可以看出，整体的误差保持在一个较低的水平上。

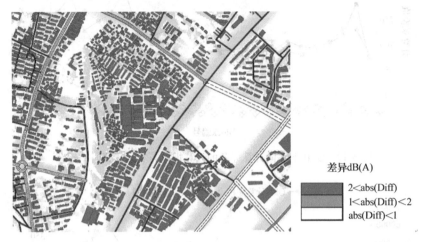

差异dB(A)

2<abs(Diff)

1<abs(Diff)<2

abs(Diff)<1

图 5-22　计算结果误差图（局部）

5.4.6.3　结果分析

上述实验的结果总结如下：基于 CPU-GPU 的噪声地图计算内核能够在合理的时间内生成高质量的策略噪声地图。实验还表明，无论是在 GPU 上还是在 CPU 上，计算规模和实际计算时间是一致的。这证明所提出的计算成本测量方法可作为比较不同噪声测绘任务规模的参考；提出的噪声地图任务的遗传算法划分方法和子任务调度方法可以显著提高噪声地图计算的运行效率。在算例中，并行效率从 54% 提高到 78%。另外 GPU 可以在一定程度上提高计算速度。在上述实验中，使用 GPU-CPU 协同计算，即使只使用低端类型的 GPU，测试速度也提高了 21%。

本节的主要目的不是开发一个新的预测模型或实现一个更精确的噪声地图计算核，而是寻找既能提高效率又能降低成本的方法。虽然主流商业软件已经采用了一些几何简化方法，但仍有很大的进一步提高计算效率的潜力。根据几何简化实验，我们发现定向包围盒方法比现有的解决方案具有更好的性能（计算速度提高了 3 倍）。虽然实验中预测点 90% 以上的误差值小于 1dB(A)，但仍有一些预测值存在较大的干扰误差。城市建筑布局复杂，几何简化方法的误差评估困难。这意味着有时我们必须人为做出决定来平衡精度和计算速度。

在异构计算实验中，其计算内核具有与主流商业软件相同数量级的单核计算速度（在开发的内核上为 2793s，在商业软件上为 2875s）。大多数商用软件包都支持并行计算作为平均划分模式，而本节的任务划分方法可以将并行效率从54%提高到78%。该方法的最大特点是，只需对计算区域进行一次划分，并可在动态噪声地图或更新噪声地图中重复使用，除非由于城市格局的显著变化而导致 GIS 数据的大量更新。

通过对比发现，一般的商业软件计算进度估计并不准确，有时甚至有误导性，特别是在计算开始时。图 5-19 和图 5-20 的结果说明本章的方法是一个相对准确的估计方法，并且所提出的任务划分方法是建立在计算规模估计的基础上的。需要注意的是，本书的估计方法在用于其他自主研发软件或商业软件上时，参数表中所给出的一些参数可能需要微调以匹配不同的程序实现策略。

实验4表明，使用 GPU-CPU 协同计算，其计算速度能提高 21%。虽然改进并不显著，但鉴于实验选择的是低端类型的 GPU，这意味着成本增加很少。考虑到目前高性能的 NVIDIA GPU 一般有 3000 多个 CUDA 内核，GPU 的内核计算速度可以进一步提高。另外，一些非常昂贵的专业 GPU 并不能带来理想中的速度提升，因为这种专业 GPU 最大的优点往往是能够实现双扩展精度浮点运算，而这在噪声地图计算中一般并不是必须的。

5.5 本章小结

本章主要介绍了一系列提升噪声地图计算效率的方法，包括数据简化、分布式计算和异构计算等。无论哪个领域，科学计算的精度与计算成本永远是一对矛盾体。大规模噪声地图的实施对计算效率十分敏感。在计算资源有限甚至不足的情况下通过方法和技术层面的提升来降低噪声地图计算成本十分重要。正是由于噪声地图绘制周期很长，成本很高，因此传统噪声地图的更新并不快，更谈不上实时噪声地图。这严重制约了噪声地图的应用场景，其往往被当成宏观策略管理工具而不是微观精准管理工具。随着与环境噪声监测网络的深度整合以及噪声地图计算技术的不断发展，未来有望真正实现噪声预测的实时化和精准化，为全面重塑城市声环境添砖加瓦。

6 验证与确认

<<<<<<<<<<<<<<<<<<<<<<<<<<<<<<<<<<<<<<<<<<<<<<<<<<<<<<<<

6.1 仿真计算中的验证与确认

目前，各工业科技领域都拥有大量科学计算软件，对这些软件实施正确性验证、物理模型适应性确认与数值结果的不确定度量化已成为科技界与应用界关注的热点。验证与确认技术源自于美国，于 1979 年由美国计算机模拟协会正式提出，主要通过科学的方法、标准的流程、专业的算法对模型进行验证和确认，不断为模型产生证明，并据此建立模型的可信度。验证（Verification）建立在科学规范推断的概念上，是推断数据格式是否正确、程序是否正确实施、软件是否达到用户要求等重要活动。确认（Validation）建立在定量准确评价的概念上，是评价模型描述实际物理过程/实验（试验）的准确程度、模型形式与参数适应的范围、确认域刻画实际问题/实验（试验）区域形状、预测域可信度评估等重要活动。不确定度量化（Uncertainty quantification）是提取实验系统结构、周围条件、环境和场景等方面的输入不确定性特征与表征，输入到计算模型分析不确定性传播，给出感兴趣响应量的不确定度。

环境噪声仿真计算是以环境声学和几何声学为理论基础，充分结合地理信息系统、建模与仿真、数据采集分析、高性能计算、软件工程等相关方法的典型多学科融合技术领域，是以多源跨尺度数据进行综合分析，并对大范围环境声场进行仿真预测计算后生成能够反映大规模环境范围内噪声水平状况的新型预测与分析技术。其以噪声地图计算最为典型，具有实施过程周期长、技术杂、牵扯广、难度大等特点。

虽然大规模环境噪声预测牵扯的领域和范围如此之广，但究其关键还是要解决好两个问题：一是预测声场建得精不精，二是预测声场算得准不准。精不精是指在成本可接受的情况下，能否以较高的精细度尽可能地还原大尺度范围内空间声场的分布；准不准是指仿真结果在宏观上能否准确反映趋势，在微观上能否准确量化影响。而贯穿这两个问题的核心主线是环境噪声计算的可信度问题，即如何在提升声场建模的精度的同时保证质量，其反映的宏观趋势和微观数值是否可信，在多大程度上可信。可信度的问题不解决，会对计算结果的应用价值产生较大的负面影响。

噪声地图是大规模环境噪声预测最典型、最具代表性的应用模式，下面就通过噪声地图来分析环境噪声预测的可信度问题。

传统研究认为噪声地图的主要用途包括：

（1）量化确定主要噪声源并可视化显示噪声分布。

（2）推动噪声控制政策的发展，进行噪声控制成本决策。

（3）预测环境噪声的发展趋势。

（4）对噪声敏感区域进行针对性保护。

（5）监控环境噪声变化趋势及治理噪声污染执行过程中噪声降低效果。

（6）提供研究噪声对人类影响的基础平台。

可以看出，上述用途主要牵扯到宏观管理的各方面，较少涉及微观应用。究其原因是由于噪声地图可信度的问题一直没有很好地被解决，其被认为只需要或只能反映宏观趋势，没必要或不能在足够大的尺度内产生足够可信的微观数据。这就给人造成一种印象，即噪声地图只是宏观工具，不具备微观应用的能力。而事实是，可信度的问题不解决，即便在宏观趋势的判断及对政策制定的辅助支持上，噪声地图的说服力也会大打折扣。另外，噪声地图在国内的应用实践中又产生了大量新的需求，如施工噪声监理、房地产项目开发、环境影响评价支持等。这些新的微观需求对噪声地图的可信度研究提出了更高的要求。

当前阶段，绿色智慧城市建设正成为我国新型城镇化一个重要的方向。噪声污染是城市污染源中的一个重要子类，对城市规划有举足轻重的影响。可信的噪声地图数据能够和交通数据、建筑信息模型数据、各类地理信息数据和其他市政数据进行联动，催生更多的应用场景；噪声地图技术也必将融入到以云计算、物联网、大数据、人工智能为代表的智慧城市技术体系中，进而与其他技术进行交叉融合，产生更大的附加价值。

科学软件的验证与确认活动涉及众多问题及方法，不同领域的科学计算问题都有符合其领域特点的验证与确认活动内容。基于科学仿真计算可信度分析的基本范式，可以给出噪声地图可信度分析的理论研究框架，如图 6-1 所示。可信度分析过程一般需要研究三个基本概念之间的相互关系，即真实世界、概念模型和数值世界。对于噪声地图而言，真实世界就是宏观中真正的城市环境噪声场分布状况。概念模型就是由不同国家或组织制定的各类预测模型。这些模型往往有一个特性，即是经验模型和理论模型的混合模型。数值世界则对应于噪声地图计算软件工具，包括商用预测计算软件和用户自研的各类工具软件包。噪声地图使用者最关注的问题实际上是软件计算出的数据和真实世界中的情况是否相符。但通过图 6-1 可以看出，即便通过实验找到了误差的存在，也不能确定这个误差是否来自于预测模型。因为预测模型是对真实世界的抽象和分析然后又通过了软件包进行程序实现，误差或不确定性的来源可能存在于这两个环节中。虽然从图中看起来直接研究预测模型和真实世界的差异最直接，但却很难做到，只能采用迂回路线，即通过验证活动明确预测模型和数值计算软件之间的差异，然后通过确认活动搞清计算软件输出的结果与真实世界的差异，对二者进行综合分析我们才能得出预测模型与真实世界的差异。

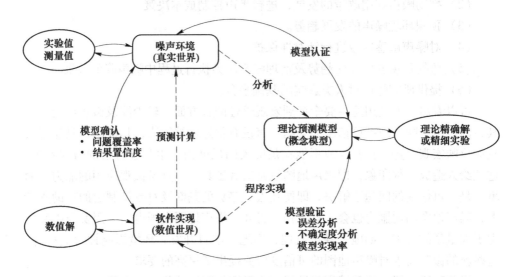

图 6-1 噪声地图验证与确认活动概念框架

在实际研究中，我们不能明确的知道真实世界声场分布的所有情况，可以通过实验值或者实际测量值来近似等效真实世界，并将由此产生的新的不确定性考虑在内。另外，在模型验证的过程中，并非所有的情形都能够根据预测模型求出理论精确解，很多情况过于复杂以至于我们只能用高精度的数值计算数据或实验数据来代替理论解。真实世界和概念模型也不是完全不可比较，如果概念模型能够得到精确解，如果实验数据能够较好地刻画现实世界，那么二者也是可以直接比较的，形成模型认证过程。

6.2 噪声地图计算的可信度

噪声地图计算的可信度问题决定了噪声地图应用的精准度和可靠性，是噪声地图拓展其应用场景和应用范围的关键。低可信的噪声地图只能支持粗糙的、宏观的、定性的声环境管理任务。而高可信的噪声地图可以支持小范围的、微观的、定量的精细管理和决策任务。另外，噪声地图的可信度决定了其应用的实时性价值。当噪声地图计算的准确度比较低的时候，追求更高的绘制频率就意义不大。只有高精度、高可信的噪声地图计算，才有进一步提升计算效率、提升绘制频率的价值。

6.2.1 噪声地图可信度及其分析活动的内容

目前，贯穿于噪声地图生命周期的成体系的可信度分析方法还未出现，相关内容零散的分布在噪声地图技术的各个环节中，主要包括：

（1）技术规范制定中的可信度问题。技术规范应对参与噪声地图计算的所有数据的格式、精度及采集测量方式等进行描述；应清晰定义重要概念和术语及其对应的符号；应给出噪声地图绘制的一般性原则、内容、工作程序和方法。技术规范是噪声地图可信性的基本保障，在其编制过程中，应该明确给出噪声地图计算结果的评价机制，以保证噪声地图的可信性和可比性。

（2）预测模型研究中的可信度问题。预测模型是噪声地图计算的理论核心，一般属于物理模型和经验模型的混合模型，大致分为声源模型和传播模型两部分。声源模型主要是对典型噪声源的分类方法进行描述，对声源数据的获取、测量、计算、等效、简化等相关方法进行研究，着重分析噪声源的源强特性和时空特性。传播模型则是基于几何声学方法，针对各倍频带对噪声声线传播路径上的各种衰减量进行计算，其涉及的因素非常广，往往要考虑几何衰减、大气吸收、地面效应、屏障影响、反射效应等诸多因素。

预测模型是噪声地图的误差和不确定度的主要来源，其物理模型的质量、计算方法的精度、源强数据的准确度、地理信息的准确度等都会影响噪声地图计算结果。

（3）监测方法研究中的可信度问题。环境噪声检测一般分为流动监测和持续监测两大类，其监测数据对噪声地图的修正和更新至关重要，同时也是评价噪声地图结果的重要依据。监测数据的测量精度、固定测点的布局策略和流动测点的路径规划策略、监测数据的数据清洗和统计量计算等方法都对噪声地图的修正和更新精度产生影响，进一步影响噪声地图的可信度。

（4）计算软件实现中的可信度问题。噪声地图的计算是绘制噪声地图的核心环节，一般采用商用软件或自研软件包完成。噪声地图计算软件实际上是预测模型的程序实现，理论上应该是完全按照预测模型进行开发。但事实是，除某些极简单的情况外，不同的计算软件采用相同模型对相同原始数据进行计算的结果往往不同，有时候误差甚至达到几个分贝。其原因主要是预测模型在软件实现的过程中既存在数值算法误差，也存在很大的算法模糊地带，有些情况并没有也很难在预测模型中详细说明，而是由软件开发人员自行确定并设计算法实现，如线声源的离散化分割采用何种策略（不同的分割策略会导致不同的离散误差）、对建筑物群中的声线路径计算采用何种策略、对反射声线的计算采用何种策略等。针对复杂多变的城市环境，不同软件对这些影响要素的实现策略往往是不同的，这就造成了计算结果很大程度上的不确定性。此外，噪声地图计算是典型的计算密集型任务，一般的软件包往往会对计算过程进行优化甚至简化，这进一步导致结果不确定性的出现。再者，不同软件包开放给用户的可调整的参数是不同的，这就造成了不同软件在计算同一个区域时很难保证所有的计算参数是匹配和一致。

（5）应用方法研究中的可信度问题。噪声地图在应用过程中，涉及很多二次统计量或评价量（例如各种噪声污染指数、人群暴露数量等）的计算。而噪声地图结果的不确定度在二次计算中可能具有传播发散效应，影响这些统计量的可信度。因此具备量化的不确定度和置信带的噪声地图同样可以对统计量的可信度量化进行支持，便于后续决策环节使用。

可以看出，在噪声地图技术一体化的背景下，我们可以将噪声地图可信度定义为：噪声地图在数据收集、监测实施、预测计算、修正更新、数据发布、分析运用各过程中产生的结果数据或各类决策判断依据的可信任程度。

同样，我们可以将噪声地图可信度分析活动定义为：基于验证与确认理论，以不确定性量化和参数灵敏度分析为基本手段，面向噪声地图数据采集、预测建模、仿真计算、修正更新、发布应用的全生命周期，定性和定量地对各环节可信度进行计算或评价的活动。其目的是催生噪声地图实施运用各阶段高置信度的计算结果。

6.2.2　目标与难点

完整而有效的噪声地图的可信度分析需要达到以下目标：

（1）针对噪声地图预测模型，应具备一套行之有效的可信度分析方法，包括构建预测模型基本范式的形式化表达，得到经验模型部分和理论模型部分的耦合依赖关系，并且建立一个有效的预测模型可信度评价指标体系。建立一套预测模型确认活动的标准流程，并给出对其进行预测能力成熟度评估的方法。

（2）构建预测软件的验证与确认标准流程，研发相应的软件支持工具。构建一个可扩展的验证与确认数据库并包含相应算例。明确得到各类预测软件误差来源对软件计算结果的影响程度，理清异构数据源的各类特性对噪声地图结果的影响，明确软件和异构数据源的主要误差和不确定性所产生的不确定度的传播机制。

（3）理清噪声地图实施过程和更新活动中的误差来源，以及可能产生的新的不确定性，给出不同因素驱动更新活动下的更新策略。得到典型监测数据特性对噪声地图修正活动的影响。针对更新和修正活动建立相应的可信度分析方法。

为了实现上述目标，需要对目前环境噪声仿真在可信度分析方面的研究情况有一个比较完整的认知。

噪声地图中的预测数据与监测点数据等实测数据在比较过程中，可能产生比较大的误差，其预测误差主要来源三方面，即预测模型的准确性、声源信息的准确性和传播模型和传播路径的准确性。

随着对噪声地图可信度和实效性要求的提高，基于监测数据的噪声地图修正集成系统被用来改进噪声地图的绘制质量，较具代表性的就是西班牙研制的SADMAM系统。目前，该系统已经成功应用在西班牙马德里市，并且基于该系统，马德里市还构建了比较完备的噪声地图动态更新系统。SADMAM有效利用了马德里城市的监测网络，结合流动监测车，在数据分析和计算的基础上能够为马德里城市每三年更新一个噪声地图。

在国外噪声地图修正更新的实践中，一般利用移动或固定的监测点来记录预测模型必要的各类输入参数，如车流量、源强值、气象条件等，并利用这些参数更新预测模型的相关输入参数，进行噪声地图整体或局部的重新计算。这类方法在某种程度上讲只是通过改变预测模型输入参数进行噪声地图的局部重绘，并没有充分利用原始噪声地图的求解结果，其实施过程比较烦琐，人力成本和设备成本都很高。

为了解决上述问题，出现了通过监测点来反演声源特性，进而进行更新计算的方法。该方法通过对各声源对应的监测点位置进行预测求解来得到一个衰减系数矩阵，通过此矩阵和各监测值的共同作用来反求声源点的源强。该方法虽求解过程比较简便，但只能较好地处理点声源。对于道路源来说，其针对一个预测点的衰减量很难用一个衰减矩阵中的单一值来表示。同时此方法在求解衰减矩阵时需要针对每个预测点都重新计算一张单声源噪声地图，计算量同样很大，并不适用于大规模噪声地图的修正和更新计算。

为了针对大规模噪声地图的动态更新，还出现了一种基于监测数据的声源特性反演算法。此方法利用原始噪声地图的计算结果参与计算来提升修正求解效率，避免对预测模型参数进行直接修改，保证修正区域的计算结果符合预测模型中的声传播规律。此外还存在一些基于监测数据的噪声地图更新方法，这些方法将具有相似特征的道路进行聚类，以此来进行局部噪声地图的快速更新，主要目的是提升更新效率。

目前来看，较为成熟噪声地图技术研究集中在预测模型构建、预测计算技术研发及噪声地图应用等层面。其中预测模型的研究主要集中在模型的适应程度、准确度和可操作性等方面。预测计算技术研发的重点主要在降低计算成本、提升计算效率和增强计算自动化程度上。而对于噪声地图结果的可信度方面的研究方法还主要是将测量数据与预测数据或不同软件的预测数据进行对比来完成。尚未形成一套较为完整的、面向噪声地图实施和应用全生命周期的可信度分析方法，欠缺从原始数据、计算过程、计算方法和计算对象等多个维度对噪声地图结果不确定性进行溯源分析的相关理论、方法和技术。其具体表现体现在下面几个方面：

（1）噪声地图预测模型的可信度评价方法。环境噪声预测模型往往是理论模型和经验模型的混合模型，目前国际上常见的模型就有十余种，而且经常还有工业、道路、铁路、飞行器等一系列细分，再加上很多国家还在研发新的预测模型或者基于现有模型进行本土化改造，这导致了事实上存在大量的预测模型。这些预测模型在原理上类似，但具体实现细节有不少差异。虽然每种预测模型在建立过程中都会对自身的准确度进行评价，但对于模型使用者来说，并没有明确的可信度评价方法。面对不同模型计算出来的不同结果，工程人员往往无所适从，即便了解到不确定性的存在，也无法定位其来源于预测过程中的哪一环节，只能凭借经验利用试凑的方法来调整模型参数或数据来"迎合"测量值，最终得到一个主观认为更可信或更合理的结果，或者在比较中认为较新的模型更加可靠。

（2）噪声地图计算软件的验证与确认方法。科学仿真计算软件在研发和使用中，往往要经过一系列的验证与确认活动来对其可信度进行评价，该手段目前在各类复杂科学仿真活动中被广泛应用，如固体力学仿真、计算流体力学等领域。但目前并不存在针对环境噪声预测计算软件的系统化验证与确认方法。研发者和使用者很难确定不确定性或误差的来源是物理概念模型实现的问题还是数学模型及数值计算方法实现的问题。这就很难对预测软件进行合理的评价，也不利于新软件系统的研发。就目前来看，计算软件的研发过程中只是人为的来保障模型公式编码正确以及使用其他软件或是测量数据来"校准"自身软件，而并没有足够好的方法来衡量软件主数值计算方法或者简化了的某些算法在多大程度上忠实还原了物理模型。

（3）噪声地图可信度分析数据库建设。可信度数据库一般存放用于验证与确认活动的标准模型或计算案例，是可信度分析活动中的必要工具，在大部分科学计算领域（如计算流体力学）中被广泛使用。目前在环境噪声预测领域，数据库的功能主要是存放监测和计算结果，还未出现针对可信度分析的专用数据库。

（4）噪声地图实施环节中的不确定度传播。不确定度传播是研究噪声地图计算中某一环节产生的不确定度如何对相关环节产生影响，会不会出现连锁效应，这种影响是逐渐扩大还是逐渐消散，如何判断该传播是否可被认为终止。目前该方面的研究还较为欠缺。

（5）多源数据耦合对噪声地图计算可信度的影响。噪声地图绘制涉及到的数据类型非常多，不同数据的格式、时效性、获取来源和准确度等可能都不相同。这些数据对噪声地图计算结果的影响就目前来看研究还不够充分，较为零散。

（6）噪声地图反演、修正与快速更新中的可信度。噪声地图的修正和更新是其实施过程的重要环节，目前虽然出现了不少根据监测数据对噪声地图进行直接修正更新或通过反演声源来进行间接更新的方法，但由于这些方法都包含了或多或少的理想化假设，因此其对最终更新修正结果的可信度是有较大影响的，目前对于这方面的研究还很不充分。

6.3 噪声地图计算的验证与确认

噪声地图计算的验证与确认活动是其计算结果可信度评价的重要环节。在科研环节和工程实践中，其应重点包含下面 5 部分内容。

（1）预测模型的可信度分析。环境噪声预测模型一般是半理论半经验模型，其在模型构建过程中对真实环境中的物理现象和实体对象做了适度的简化和理想化，不同的预测模型往往有自己的应用范围。此部分主要包括预测模型的可信度分析方法和策略，以及现有的预测模型基本范式在不同情况或条件下的可信度。具体内容包括预测模型的比较和解构研究、预测模型基本范式的抽象、经验模型部分和理论模型部分的耦合依赖关系分析等。针对基本范式，构建评价预测模型的可信度指标体系以及模型输出量指标体系。研究各输出指标或参数的敏感性分析方法。针对不同类型的可信度评价指标，构建确认活动的特征问题，以及针对特征问题的实验策略。基于定量准确评价的概念，探寻预测模型描述实际物理过程的准确程度，研究利用特征问题实验进行预测模型确认活动的实施方法。最后分析并构建预测模型的可信应用策略并得到对其进行预测能力成熟度评估的方法。

（2）预测软件的验证与确认。噪声地图预测软件的验证过程是研究软件实现依赖的数学模型和逻辑模型与环境噪声预测物理模型之间的差异，即预测软件是否正确刻画了预测模型；而确认过程则是研究预测软件结果与真实世界结果的差距。在这里我们往往用实测数据或实验数据来近似表达真实世界。预测软件实现过程中存在着大量的误差和不确定性来源，此部分内容包括了验证与确认数据库的构建方法研究。该数据库包含了针对预测模型特征问题而构建的标准算例，以及针对标准算例的理论解和实测数据值。另外，预测软件的验证还包括软件基本验证方法的研究，通过探索软件比较测试、离散误差评估、理想解构建、数值算法一致性测试、算法稳定性测试等相关验证方法来完成。另外还需要基于可信度评价指标体系进行预测软件的确认方法研究，即如何通过对计算数据和实测（实验）数据进行比较，采用不确定度量化分析方法得到软件相关输出参数的置信带。最后还要研究软件主要误差所产生的不确定度的传播机制，以及其如何影响中间结果和最终结果。

（3）多源异构数据耦合情况下对计算结果的不确定性影响分析。上述内容分别解决噪声地图预测模型可信度问题和软件工具可信度问题。而噪声地图在应用过程中，依然存在针对具体问题的可信度问题，即如何刻画针对一个区域最终绘制的噪声地图是否可信、可信程度怎样。而影响具体问题可信度的主要因素有两个，一是数据影响，二是模型和参数的选择。

噪声地图项目实施过程中的数据来源众多、结构各异、质量参差不齐、对最终计算结果的影响程度也各不相同。此部分应该重点考虑数据时效特性与时空特性、数据质量、对结果敏感度等特性的数据分类可信度分析方法，着重研究类别数据和具体数据不确定性对噪声地图结果的影响，分析数据间是否存在耦合甚至冲突的特性，以及如何解耦或进行耦合分析的方法。针对明确的低质量数据或缺失数据，探寻数据补全或数据替代策略，并研究原始数据的不确定度在噪声地图计算的全生命周期中如何传播，对结果的可信度有何种影响。

(4) 噪声地图修正与更新中的可信度分析。根据实测数据对噪声地图进行调整称为对噪声地图的修正；由于原始数据的变更或新条件的引入而对噪声地图整体或局部进行重绘称为更新。

在修正与更新中，应重点分析噪声地图结果误差来源，针对不同类别原始数据的变更，研究其对噪声地图最终结果的影响程度，基于典型输出参数的敏感度分析结果，分析不同类型数据源的变更对噪声地图更新计算速度和准确度产生何种影响，给出不同数据源变更下噪声地图更新的快速计算策略，并对更新地图的可信度进行评价。

对于噪声地图修正，研究监测误差、监测点布局或规划、监测数据质量及数据预处理方法（有没有偶然声学事件的出现、有没有大范围数据缺失）对修正地图的影响。研究修正过程中可能存在的各种假设和简化（如，假设环境不变，假设监测点只受到一个或几个主要声源的影响而没有被其他声源影响）对最终结果影响。

(5) 噪声地图可信度分析工具的研发与验证。任何可信度分析活动都需要相应的工具支撑，环境噪声仿真也不例外。对于噪声地图实施活动来说，需要研发相应的可信度分析辅助工具，主要包括验证与确认数据库、可信度分析活动管理工具、噪声地图原始数据及结果数据对比分析工具、不确定度评估工具等。基于实际的噪声地图实施项目，针对典型的噪声地图商业软件和自研软件包进行上述可信度分析方法的实验验证。

噪声地图计算的验证与确认活动在具体实践中往往会遇到不少难点，总结起来主要是下面4条：

(1) 预测模型范式化及其可信度指标体系构建。噪声地图预测模型众多，仍处于不断发展中，且有别于其他科学计算领域，属于半理论半经验模型。因此，如何找出理论与经验部分的界限，将现有的预测模型和可预期的预测模型发展趋势进行二次抽象和范式化，并由此构建全面合理的可信度研究指标体系是预测模型可信度分析中的关键。

为解决这类问题，一般来讲应采用预测模型对比分析、预测模型解构、理论及经验分类研究的方式对预测模型进行范式化，利用耦合矩阵等定量化描述方法对理论模型部分各要素、经验模型部分各要素以及理论模型和经验模型之间的耦合关系进行分析表达。结合层次分析法等分析方法，构建通用预测模型可信度分析指标体系及模型输出量指标体系，该指标体系应具备一个后续可扩展的分类结构，并且需要基于现有的信息技术提供的规范化形式表达来进行构建。

（2）噪声地图预测数值计算中的不确定性来源及其量化和传播。无论是针对预测模型或预测软件的可信度，还是针对噪声地图实施的可信度，都会面对一个核心问题，即误差和不确定性如何产生、从何产生、如何量化、怎样传播及对结果有何影响。这是噪声地图可信度分析方法的核心脉络。

为了解决这个问题，需要在建立可信度指标体系的基础上，构建不同类别的不确定度识别和量化方法。从预测模型输入数据可能产生的不确定度入手，结合参数敏感性分析方法，构建预测模型确认实验的特征问题，实施预测模型确认活动，寻找预测模型输出不确定度与输入不确定度的定量关系，并对预测模型的预测计算能力进行成熟度评估。在预测软件的验证与确认活动中，通过对不确定度来源进行分析，将各类型不确定度要素归类，完成不确定输入参数的辨识，并建立基于概率密度函数或区间分析等理论的定量描述方法。

（3）多源异构数据的耦合性和不确定性对噪声地图实施的影响。噪声地图实施过程中，除了预测模型和计算软件本身的可信度外，所采用的各种数据和设置参数才是其绘制结果不确定性的重要来源，而多数据源的耦合特性及其数据的不确定性如何影响绘制结果的可信度是噪声地图实施中可信度分析的关键问题。

为了解决这类问题，项目实施者应将不同来源和结构的数据进行综合整理分析。如按照统计记录数据、回归曲线数据、直接数据、二次计算数据、关联数据、外推数据、经验估算数据等类别对可能存在的多源异构数据进行整理，进而按照数据的时间特性、空间特性、采集策略、采集质量等进行数据多维分析。然后通过建立耦合矩阵的方法对数据源之间可能存在的依赖性和相关性进行量化或半量化表达。随后对数据进行敏感性分析，并将数据替代的影响计入不确定度量化考虑范围。最后对多源头数据的传播路径进行建模，研究给出一个不确定度传播的中止机制，降低不确定度传播分析的复杂程度，使其更具可操作性。

（4）噪声地图反演与修正数学模型对噪声地图更新结果可信度的影响。环境噪声场的时变特性必然导致噪声地图生命周期中不断出现的修正或更新活动。而指导声源反演或修正的数学模型对噪声地图更新计算的可信度有决定性的影响。

为了解决这类问题，需要对反演修正过程进行精细的建模，如构建以源强向量、衰减矩阵和实测矩阵为基本构成元素的"多测点多声源"反演修正模型。对噪声地图修正更新中的数据变更情况进行分析，并将这些变更中的不确定性来源映射到反演修正模型的相关参数上。最后结合不确定度量化方法，对这些影响引起的不确定性进行不确定度进行量化分析。

　　噪声地图计算的验证与确认活动技术内容如图 6-2 所示。该体系主要分为三部分：第一部分是基础理论研究，主要涉及通用的预测模型及计算软件的可信度分析问题；第二部分是扩展理论研究，即在第一部分内容的基础上，针对噪声地图项目实施的可信度分析问题进行解决；第三部分是工具平台的研发，作为前两部分内容的技术和工具支撑。

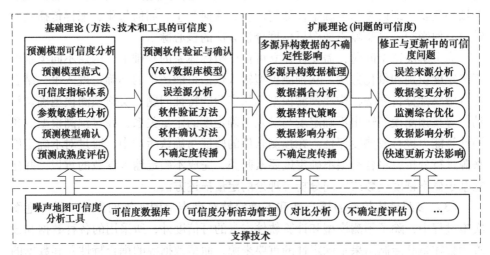

图 6-2　噪声地图计算验证与确认活动总体内容

6.3.1　噪声地图预测模型的可信度分析

　　预测模型的可信度是噪声地图结果可信性评价的最重要依据。所有的预测计算软件都是按照预测模型来研发，所有的项目实施也是依据预测模型来进行。

　　目前各国至少存在十余种预测模型，这些模型相似度较高，如传播模型部分一般都脱胎于 ISO 9613 标准的传播模型部分，但它们在可操作性层面上的差异还是较大的。依据噪声地图预测模型的特点，图 6-3 给出了噪声地图预测模型可信度分析过程。

　　首先，对预测模型进行研究解构，按照声源模型和传播模型两部分构建预测模型基本范式，并给出相应的形式化表达，按照经验模型部分和理论模型部分对模型中的各个环节进行分类。利用耦合矩阵的定量化描述方法对理论模型部分各要素、经验模型部分各要素以及理论模型和经验模型之间的耦合关系进行分析表达。通过上述操作，可以得对预测模型基本范式的条目化、定量化、层次化的

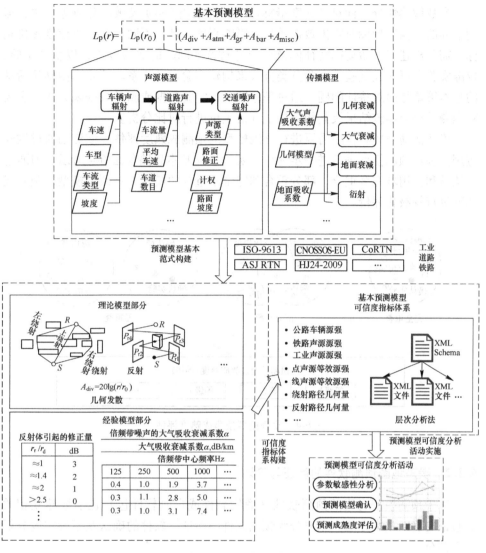

图 6-3　噪声地图预测模型可信度分析过程

描述。

　　其次，根据预测模型的基本范式，结合层次分析法，构建通用预测模型可信度分析指标体系及模型输出量指标体系，该指标体系具备一个后续可扩展的分类结构。以某种规范化工具为基础，如基于 XML Schema 等技术构建该体系的规范化形式表达，且该指标体系应能涵盖主流预测模型的各种直接参数和必要的间接参数。

　　最后，研发预测模型可信度分析活动实施的相关技术，包括参数敏感性分析活动、预测模型确认活动、预测成熟度评估活动等。

参数敏感性分析针对可信度指标体系，可采用 Sobol 灵敏度分析等方法，得到不同的可信度指标对输出数据质量的影响程度。针对不同类型的可信度评价指标，需要构建确认活动的特征问题以及针对特征问题的实验方法，以发现实验、校准实验和可靠性试验等实验分类方式来构建实验设计体系。预测模型确认活动的基本策略是面对特征问题，通过理论解对比实验数据或测量数据来完成，主要对预测结果与实测结果及其相应的统计衍生量进行对比分析。

确认活动完成后，还需要进行预测模型的预测成熟度评估。该活动通过构建应用实验对预测模型进行进一步评价，实验设计基本思路如图 6-4 所示。即通过确认域和应用域完全重合、部分重合和完全不重合的模式来对预测模型的预测成熟度进行等级化评价。

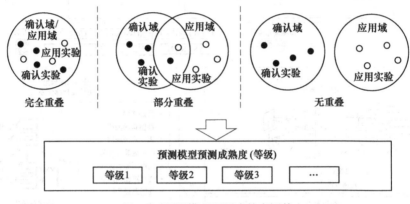

图 6-4　预测模型预测成熟度评估

6.3.2　噪声地图预测软件的验证与确认

基于预测模型构建的预测软件（商用软件或自研软件包）也需要建立相关的验证与确认基本方法，主要分为预测软件的验证、软件的确认及不确定度分析三个部分。

6.3.2.1　预测软件的验证

噪声地图预测软件的验证过程是研究软件实现依赖的数学模型和逻辑模型与环境噪声预测物理模型之间的差异，即预测软件是否正确刻画了预测模型，如图 6-5 所示。验证活动主要是通过构建理论解和高精度解的方式来实施。理论解的构建主要是针对若干简单的基准问题，如点声源的几何发散衰减，进行理论计算。对于复杂的基准问题来说，直接计算比较困难，可以用经过认证的高精度实验数据来代替，或者通过公认的可靠度比较高的预测软件的高精度解来代替。整个验证过程需要通过设计相应的数值计算实验，有针对性地对软件实现中可能出现的误差源进行分析。主要的误差源头包括线/面等声源离散化过程、复杂环境中绕射声线的求解、多次反射路径及衰减量的计算、地面屏障效应、等高线或高程数据的插值算法等。另外软件一般都具备供用户设置的算法参数项，一些重要的参数如网格密度、网格样式、声源影响范围、最大反射次数等设置在验证试验中也要重点考量。

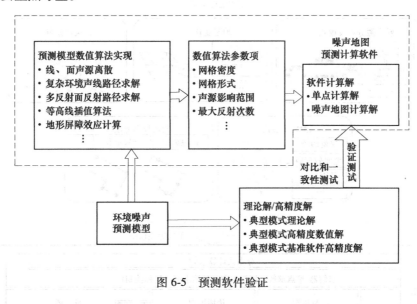

图 6-5　预测软件验证

6.3.2.2　预测软件的确认

预测软件确认工作环节相对较少，如图 6-6 所示。一般确认实验的设置重心不是放在构建严格的实验受控环境，而是放在准确地把握和测量非受控实验的实验条件。在确认活动中，主要涉及计算结果和实验（实测）结果的比较，需要利用确认度量算子来对二者的不吻合度进行度量。在此过程中，需要根据不同的算例选用相应的实验数据或监测数据。

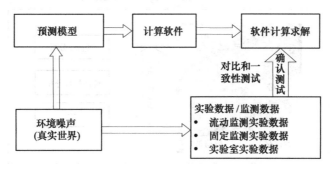

图 6-6　预测软件确认

6.3.2.3　预测软件的不确定度分析

　　预测软件的不确定度分析过程如图 6-7 所示，主要包括不确定参数的辨识、不确定度传播、结果置信带生成等几个部分。

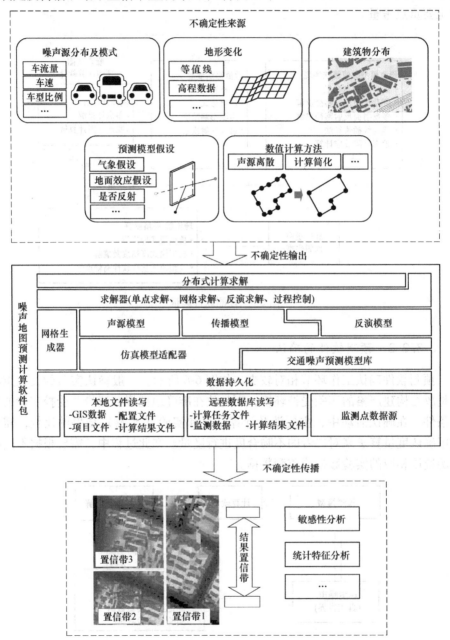

图 6-7　预测软件不确定度分析

（1）噪声地图不确定输入参数的辨识与定量描述。噪声地图计算中存在大量的不确定输入，需要对其进行辨识与定量描述。拟通过对不确定度来源进行分析，将各类型不确定度要素归类，完成不确定输入参数的辨识，并建立合适的定量描述方法。拟采用概率密度函数或区间分析的方法来对可能的误差来源进行定量的描述，然后对不确定要素进行归类。可选用的概率密度函数包括均匀分布、正态分布、beta 分布等。对于噪声地图计算结果影响较大的不确定度影响参数一般包括噪声源分布及模式、地形变化、建筑群或障碍物群分布、预测模型及数值计算方法等类别。

1）噪声源分布及模式：首先噪声源的源强很多时候是通过相关参数计算并等效得到，比如交通噪声源，是通过车流量、车速、车型比例等间接数据得到，这些数据的不确定性对源强的影响是很大的。另外，声源的位置和范围信息一般来自 GIS 数据，也可能存在精度问题。

2）地形变化：在地势起伏比较大的城市，地形数据对噪声地图计算有比较大的影响。而地形数据一般是通过等高线数据或高程数据插值计算得到的，也具有相当的不确定性。

3）建筑群或障碍物分布：建筑物的遮挡是噪声传播过程中重要的衰减因素，而建筑物表面的反射效应又对某些位置的预测值有增强效应。因此如果建筑物等障碍物位置信息和形状信息的真实性和精度存在不确定性，那么就必然也会导致最终计算结果的不确定性。

4）预测模型：预测模型中某些参数可能在软件计算中存在不确定性。如与试验或真实情况相异的气象条件假设、地面效应假设、是否考虑反射的取舍等都会带来物理模型的变化，造成计算结果差异。

5）数值计算方法：主要是各种声源的离散化方法和为了效率而进行的计算妥协，造成结果在某些情况下有较大差异。如道路声源一般会被等效成一条或是若干条线声源，而噪声地图在求解过程中需要将其离散成点声源，这就会导致不确定性的出现。

（2）参数不确定度影响及传播分析。综合分析多种输入参数的不确定度传播方法，获得上述关键不确定度输入对计算结果的影响度量，通过各参数的局部或全局敏感性分析来实现。此部分可采用 Sobol 灵敏度分析方法、敏感性导数分析方法、蒙特卡罗方法等进行。在具体实施中，多维度不确定参数分析、试验设计可采用目前比较成熟并得到广泛应用的算法，如均匀设计方法、随机采样设计方法、拉丁-超立方设计方法等。

（3）结果置信带生成。不确定度量化分析是依据输入参数的不确定度，同时利用不确定度传播分析活动来最终生成计算结果的置信带。由于噪声地图结果往往包含大量数据并涵盖很大的范围，因此可采用分区域置信带生成方法。即利用该生成方法最终生成的噪声地图结果应该包含针对多条件的多区域置信带。

6.3.3   多源异构耦合数据导致的不确定性

噪声地图实施过程中的不确定因素比单纯研究预测模型和预测软件的不确定因素要复杂，主要是噪声地图在实施过程中可能包含大量的可信度不一的原始数据，其过程模型如图6-8所示。

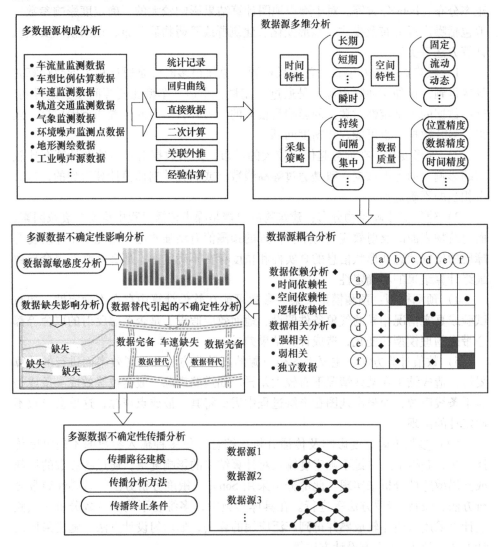

图 6-8   多源异构数据对噪声地图不确定性影响的分析过程

（1）**数据源分析**。首先对多数据源的构成和性质进行分析，可按照统计记录数据、回归曲线数据、直接数据、二次计算数据、关联数据、外推数据、经验估算数据等类别进行整理。然后对数据源进行多维分析，拟按照数据的时间特性、空间特性、采集策略、采集质量等维度进行分析。最后进行数据源耦合分析，通过建立耦合矩阵的方法对数据源之间可能存在的依赖性和相关性进行量化或半量化分析。此部分主要考虑时间依赖性、空间依赖性和逻辑依赖性等内容。

通过数据源分析，可以得到各类数据之间关系，特别是数据依赖和相关关系的数据模型，该模型对于后面的多源数据不确定性影响的分析至关重要。

（2）数据不确定性影响分析。根据多元数据分析模型结构，结合数据依赖信息和相关信息，对由于数据不确定性产生的种种影响进行分析。首先依然需要进行数据对最终结果的敏感性分析，即哪类数据的不确定性对噪声地图绘制影响更大。另外，在一般的实践过程中，有可能出现同一个数据需求来自不同的数据源的情况，例如同一个位置的监测数据可能来自固定监测点，也可能同时来自移动监测设备。这些数据源数据质量有时很难保证，甚至有可能出现部分缺失的情况。在这种情况下，可以使用数据替代、数据外推、数据预测补全等方法解决，而这些方法的引入会增加系统的不确定性。因此这些不确定性也应纳入到不确定度量化体系中。

（3）多源数据的不确定性传播分析。主要通过多源头数据的传播路径进行建模（一般是树或图类型的数据结构），以解决噪声地图项目实施中的不确定度传播问题。对每一个环节每一个要素的不确定度衰减或者放大效应进行定量化描述。另外，还需要根据具体情况建立相应的不确定度传播的中止机制，即当某不确定度对系统输出影响足够小时就可以不再对其进行考虑，这样可以在一定程度上降低不确定度传播分析的复杂程度。

6.3.4 噪声地图修正与更新中的可信度

修正与更新是噪声地图生命周期中的重要环节。换言之，一个区域的噪声地图应该是随时间不断变化的，技术手段越先进，监测网络和监测技术越完备，噪声地图修正的就应该越准确。本节将给出噪声地图在修正和更新中的可信度分析实施过程，如图6-9所示。

（1）误差来源分析。首先需要对噪声地图产生误差的来源进行分析。此部分对误差分析的角度与噪声地图实施中的误差来源分析略有不同，即便某数据源在噪声地图绘制初期较为准确，其也有可能随着时间的变化而产生较大的误差。这主要是由于城市环境一直处于高度变化中这个特性所决定的。此部分可按照数值误差、迭代误差、统计误差、离散误差、数据误差等几类典型的噪声地图时变误差源进行分类分析。

（2）基本反演模型构建及数据变更分析。反演模型是反演过程的理论依据，也是修正与更新过程中可信度分析的基础。如图6-9所示，在基本反演模型构建的基础上，进行数据变更分析，即对地理信息、声源信息、环境信息、计算信息

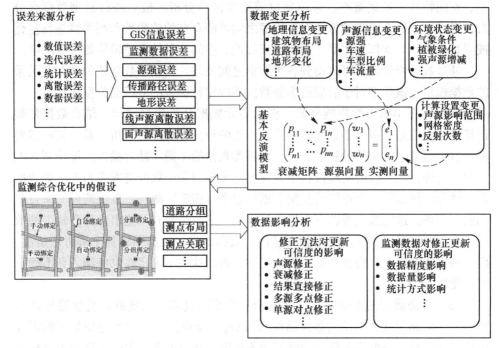

图 6-9　修正与更新中的可信度分析活动

等变更数据类别与基本反演模型建立关联。而基本反演模型一般可以分为三部分：源强部分、衰减部分和实测部分。

（3）监测综合优化中的假设及其数据对结果影响的分析。在反演和更新过程中运用的与监测数据获取和表示相关的一些方法将会对修正和更新结果的可信性产生影响。在此阶段必须做出一些假设，如监测点的监测范围假设可分为一个监测点仅监测一个声源，或一个监测点受到若干声源影响。另外对于相邻道路车流量我们可以假设其具有一定的关联性，或者完全没有关联性。不同的假设对修正更新计算结果的不确定性影响是不同的。这些假设的具体的可能影响以及不同修正方法产生的可能影响已经在图 6-9 中列出，结合不确定度量化方法，对这些影响引起的不确定性进行不确定度进行量化分析。

6.3.5　噪声地图可信度分析平台

为了将整个噪声地图绘制中的可信度分析问题规范化、流程化和自动化，我们研发了噪声地图可信度分析平台。一个通用的噪声地图可信度分析平台由一系列工具组成，其通用架构如图 6-10 所示。其基本思路是：以噪声地图可信度分析理论方法和技术为理论依托，以噪声地图验证与确认数据库为基础，以可信度评价指标体系、不确定度量化分析方法和技术、预测模型可信度分析、预测软件可信度分析、修正更新可信度分析等相关研究为核心，综合多种验证与确认实施活动相关技术，将数据库管理、预测软件管理、计算任务管理以及数据分析和比较工具有机地集成为一体，形成噪声地图绘制可信度分析一体化工具集，即所谓平台。平台需要具备按可信度评价指标体系定性评价和按不确定度量化定量评价的主要功能，实现从算例选择、各类参数敏感性计算、计算作业组织、并行或异构计算，到数据对比与分析的流程化和自动化，以提高可信度分析效率，减少噪声地图绘制误差，实现噪声地图计算中误差和不确定性的量化，从而减少其结果的不确定性，增加预测计算结果的可信度。

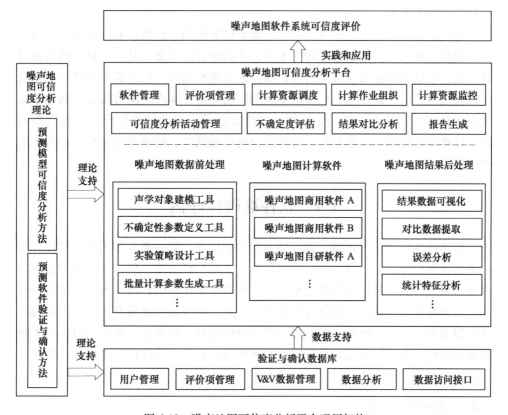

图 6-10　噪声地图可信度分析平台通用架构

在平台架构中，验证与确认数据库是基础。考虑到噪声地图可信度分析数据特点：数据量较大、数据文件中包含的物理量种类繁多、数据的业务相关性比较大、数据结构和数据格式多样化，我们拟将该数据库分为三层结构：数据持久层、数据中间层以及客户端数据层。设计三层库的好处是可以为整个系统提供一个统一、安全和并发的数据持久机制。

对数据持久层的数据进行数据挖掘、数据处理，得到业务层需要的数据，并存放到数据中间层中，供上层使用。客户端所需的数据从客户端数据库中获取，中间件根据客户端数据需求实时从数据中间层中抽取并过滤数据，并将数据更新到客户端数据库中。

　　数据库中最重要的数据是各类标准算例。如针对地形的算例、针对障碍物的算例、针对反射计算的算例、针对不同声源类型的算例等。每个标准算例都包含了理论解或高精度数值解、算例原始输入数据、算例计算设置、算例实测值或实验值条件等信息。为了涵盖应用域的诸多情况，每个算例中应该包含若干套不同条件下的计算数据。另外，验证与确认数据库中还包含评价项数据、用户数据、数据源接口等内容。

　　噪声地图可信度分析平台工具集主要由以下几部分组成：前处理工具，包括声学对象建模工具、原始数据转换工具、不确定参数定义工具、计算实验策略设计工具、批量计算参数生成工具等；噪声地图预测软件，包括商用软件和用户自研软件包等；后处理工具，包括结果数据转换工具、噪声地图可视化工具、数据提取工具、误差分析工具、统计特征分析工具等；以及软件管理、计算资源调度、计算作业组织、计算监控、可信度分析活动管理、结果对比分析、报告生成等功能模块。

6.4　软件准确性评估

　　科学计算的可信度评估一般有两大类基本任务：第一类是工具的可信度，第二类是任务的可信度。在噪声地图计算中，工具的可信度一般指噪声地图计算软件是否可信，而任务的可信度是指某一个噪声地图计算项目所产出的结果是否可信。对于软件工具可信度的评价相对比较成熟，软件测试领域有大量的工具和模式可以参考使用；而针对任务的可信度评价则相对比较复杂，其过程包含了大量的领域知识。本节仅就工具可信度中的噪声地图软件准确性评估这一活动展开论述，为高可信噪声地图计算工具的开发提供参考。

6.4.1　测试用例构建

　　评估噪声地图计算软件准确性的主要原则是，评价软件算法对预测模型的实现程度如何，即软件是否完全、正确地实现了预测模型。这就需要构建相应的测试用例。噪声地图计算测试用例构建需要遵循三个基本原则。首先是覆盖完整性，即是否覆盖了预测模型所有的核心环节和步骤；其次是可比性，测试用例的计算结果之间是否可以定量比较，是否拥有明确的理论解作为基准；最后是典型性，即在测试成本有限的情况下，测试用例是否典型或重要。

　　户外声传播计算软件的测试也存在相应标准。表6-1给出了推荐采用的噪声传播计算推荐测试用例的基本情况，该测试用例参考自 ISO/TR 17534-2—2014 声学 户外声计算软件 第2部分：测试案例和质量保证接口通用建议。需要指出的是，该表的内容可以根据实际需求进行扩充，其对预测模型的各种组合情况和复杂情况覆盖并不完整。

表 6-1 噪声地图计算软件准确性评估测试用例

序号	地势情况	地面情况	屏障及反射情况
1	平坦地势	坚实地面（$G=0$）	无
2	平坦地势	混合地面（$G=0.5$）	无
3	平坦地势	吸收地面（$G=1$）	无
4	平坦地势	多种地面情况	无
5	起伏地势	多种地面效应	无
6	平坦地势	多种地面效应	无限长声屏障
7	平坦地势	多种地面效应	有限长声屏障
8	起伏地势	多种地面效应	有限长声屏障
9	平坦地势	混合地面（$G=0.5$）	声源与接收点之间有矩形建筑物，且接收点高度低于建筑物高度
10	平坦地势	混合地面（$G=0.5$）	声源与接收点之间有矩形建筑物，且接收点高度高于建筑物高度
11	平坦地势	混合地面（$G=0.5$）	声源和接收点之间有多边形建筑物，且接收点高度低于建筑物高度
12	起伏地势	多种地面效应	声源和接收点之间有多边形建筑物
13	平坦地势	混合地面（$G=0.2$）	声源和接收点之间有多边形建筑物，且接收点高度高于建筑物高度
14	平坦地势	混合地面（$G=0.5$）	声源与接收点之间有3栋建筑物
15	起伏地势	多种地面效应	声源与接收点之间存在反射声屏障
16	平坦地势	混合地面（$G=0.5$）	声音在两侧都是声屏障狭长空间传播，声屏障吸声系数为0（最多考虑9次反射）
17	平坦地势	混合地面（$G=0.5$）	声音在两侧都是声屏障狭长空间传播，并且空间内有3栋建筑物，同时考虑反射和绕射的影响（最多考虑10次反射）

6.4.2 测试用例测试结果范例

本节给出6款噪声地图计算模块针对测试用例17的测试结果范例，见表6-2、表6-3和图6-11，此部分内容旨在展示测试用例分析的基本样式，其结论和具体数值不具参考价值。

表 6-2 测试用例 17 建筑物坐标

建筑物编号	坐标 1	坐标 2	坐标 3	坐标 4	高程
1	［140, 35］	［140, 18］	［170, 18］	［170, 35］	8
2	［195, 45］	［195, 25］	［220, 25］	［220, 45］	13
3	［235, 20］	［235, 0］	［255, 0］	［255, 20］	10

表 6-3 测试用例 17 计算结果

软件名称	是否满足建模要求	倍频带声压级/dB								总声压级/dB(A)
		63	125	250	500	1000	2000	4000	8000	
软件 A	是	36.8	33.6	30.5	28.5	25.2	21.9	18.4	7	30.7
软件 B	是	34.0	34.9	31.6	31.2	33.8	33.7	30.7	19.4	39.0
软件 C	是	34.9	29.9	25.2	22.6	35.4	35.5	32.4	20.6	41.3
软件 D	是	42.5	39.0	35.7	35.6	38.3	38.1	34.5	22.4	43.3
软件 E	是	28.6	18.8	14.0	25.1	27.6	35.5	32.4	21.0	38.9
软件 F	部分满足	30.1	27.8	35.5	39.7	42.0	41.2	37.6	25.1	46.6

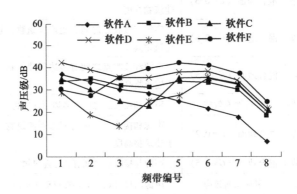

图 6-11 测试用例 17 计算结果

通过图 6-11 可以看出，几款软件计算结果的差异性还是比较大的。软件 B 与软件 D 趋势基本一致，各频带结果偏高；软件 E 的结果与其他几款软件趋势差异较大，说明软件 E 在该测试用例类似情况下的准确性需要进一步验证；软件 F 在低频偏低，其他频率略高于其他软件。不同软件计算结果存在差异的原因主要在两方面：一是软件 C 考虑了起伏地势对地面效应的影响，其他软件均未考虑起伏地势对地面效应的影响；二是预测模型中对于屏蔽衰减中提到的：在任何频带上，屏蔽衰减在单绕射（即薄屏障）情况不取大于 20dB 的值，在双绕射（即厚屏障）情况下不取大于 25dB 的值。正是这种截断取值的不确定性，导致了不同软件之间的差异。

6.5 本 章 小 结

噪声地图计算与绘制结果的验证与确认是一个庞大的主题，目前的理论工具体系还十分的不完备，本章也只是从宏观层面探讨了噪声地图验证与确认活动的基本内容和途径。一般来说，在实际工程实践中，技术人员首要面临的是噪声地图能不能及时绘制完成的问题，关于绘制可信度的评价，往往被放在一个不十分重要的位置。但归根结底，可信的噪声地图才是有价值的噪声地图。另外，针对计算过程和工具的验证与确认活动的完善，能有效促使建立更系统化更科学化的噪声地图计算流程，同时也在倒逼噪声地图计算技术向着更规范、更系统、更先进的方向升级迭代。

7 计算平台技术

<<<<<<<<<<<<<<<<<<<<<<<<<<<<<<<<<<<<<<<<<<<<<<<<<<<<<<<<<<<<<<<<<<<<<<<<<<<<

7.1 平台参考架构

噪声地图仿真计算涉及的技术很多，其未来发展方向是结合 GIS 技术、互联网技术、高性能计算技术、数据可视化技术、大数据分析技术、人工智能技术等为决策者和终端用户提供全方位的噪声地图服务，这就对噪声地图仿真平台的基本功能和技术架构提出了新的要求。

噪声地图计算平台的架构和技术选型千变万化，很难给出一个定式。本节结合噪声地图计算平台的研发经验和先进科学计算技术的发展趋势，在结合我国噪声地图国家标准和实际应用要求，详细分析了噪声地图仿真平台的技术功能需求的基础上，探讨噪声地图计算平台的参考架构。需要指出的是，噪声地图计算平台不等同于噪声地图发布平台。计算平台是数据科学仿真软件，而发布平台是数据信息发布系统，二者在应用模式上有巨大的差异。

噪声地图仿真计算平台技术架构基于松耦合和模块化的原则进行设计。针对高计算效率的性能要求，该平台将被部署在分布式环境下。下面就平台技术架构和部署模式进行详细说明。

7.1.1 技术框架

噪声地图仿真计算平台技术框架如图 7-1 所示，主要分为仿真计算工具内核和仿真计算管理工具两个层次。

仿真计算内核由一系列互相依赖的软件模块组成，涵盖了噪声地图仿真过程中的核心内容，并针对所有功能都设计了相应的对外接口，一般应包含下述主要模块：

（1）数据持久化模块。该模块主要针对本地文件的写入和读取以及远程数据库的访问而设计。由于噪声地图的绘制需要依赖多类数据，并且这些数据存储形式多样，因此该模块除能处理本地文件数据和远程数据库数据以外，还应能对实时数据源的数据流进行接收处理。

（2）仿真模型适配器与交通噪声预测模型库。在前文中已介绍了目前存在各种城市道路交通噪声预测模型，每种模型都有不用的使用特点和适用范围。为了接驳不同的交通噪声预测模型以应对不同的求解需求，有必要建立具有统一算

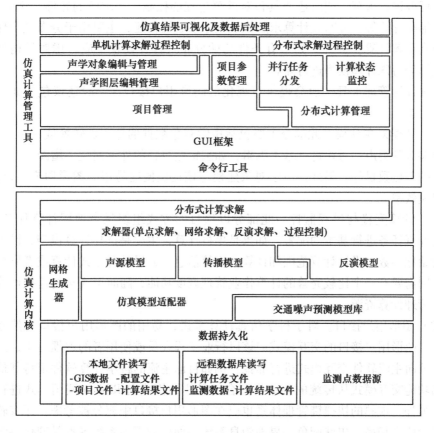

图 7-1 噪声地图仿真计算平台技术框架

法调用接口的柔性可扩展算法库。该算法库将提供一组统一的预测模型算法调用接口规范,即仿真模型适配器,以支持不同预测模型的无缝接入。

(3)声源模型、传播模型与反演模型。在选择了合适的预测模型之后,需要调用仿真模型建模模块进行建模。针对噪声地图求解计算,需要调用声源模型模块和传播模型模块;而针对噪声地图反演修正求解计算,则还需要调用反演模型计算模块。声源模型模块主要处理声源的转换与声源的离散,如将道路声源对理想线声源进行转换,或将线声源离散成点声源;传播模型主要对噪声传播过程中的衰减量进行计算,并能够将不同声源的贡献值进行叠加。反演模型模块是在获得了实际监测数据的基础上对声源进行反演的算法实现。

(4)网格生成器。网格生成器主要负责生成 2D 或 3D 网格对象。网格对象记录了仿真区域、仿真精度(网格尺寸)、仿真位置(包括 2D 网格的高度信息)等数据。

(5)求解器与分布式计算求解模块。求解器主要负责对噪声地图仿真任务及反演任务进行求解，同时还要具备对求解过程的控制，如求解的暂停与恢复、断点与继续计算等。分布式计算求解模块基于求解器构建，主要用于分布式子任务的仿真求解计算。另外，如果有条件的话分布式计算模块也应考虑对异构计算、超算等特殊计算模型进行兼容。

仿真计算管理工具一般会提供可视化的图形用户接口，一般建议包括如下内容：

（1）声学对象建模。此部分主要包括声学对象数据的导入、转换或者新建。其要能够对各类声学对象进行基本编辑，如编辑建筑物的外形属性、增减道路声源对象的节点数目等。另外，声学对象建模应该提供便捷易用的图形用户接口，提升建模效率。

（2）计算配置与过程监控。此部分以项目的方式组织噪声地图计算任务，并且对计算任务进行基本的配置。如果是单机计算，主要是选择计算模型、设置计算初始化参数、设计计算范围和计算精度等信息。如果是分布式计算或者异构计算，则需要有一个比较完善的计算作业管理调度功能，随时可视化的监控计算进程，管理计算资源。

（3）图形用户接口。对于科学仿真计算来讲，易用的图形用户接口自然必不可少。图形用户接口的交互模式应该以行业工程人员或使用者的习惯为主，此外也应该向主流软件交互模式进行靠拢。例如目前主流的科学计算软件都将其最基本的功能交互模式从传统的菜单栏配合工具栏的模式向 Ribbon 调用模式进行转变。另外，成熟的快捷键管理体系也应在图形用户接口中充分被考虑。还有软件界面的语言切换、皮肤配色、界面消息系统、便捷的帮助系统等都是现代科学计算软件的必备项。

（4）命令行与批处理。基于命令的批处理操作是科学计算软件可扩展性、可集成性和提升自动化程度的关键。这就要求将平台功能充分抽象，形成一套逻辑链条完备的命令体系。然后通过对脚本或宏的支持实现批处理和自动化。第三方平台可以很容易地通过命令行工具和脚本驱动方式与噪声地图计算平台进行集成。通过命令行命令参数而生成的批处理脚本，可以实现噪声地图计算的自动化，同时可便捷地被第三方平台调用。该批处理能力是目前主流噪声地图商用计算软件所不具备的。

7.1.2 部署模式

根据不同的需求和技术架构，噪声地图仿真计算平台可以以三种形式进行部署，如图 7-2 所示。

（1）单机部署模式。单机部署模式适用于较小规模噪声地图的求解，也可在某些多核高性能计算机上针对中大规模噪声地图进行计算。但该模式不便于进

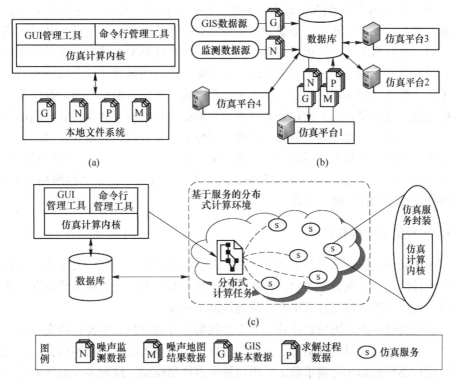

图 7-2 噪声地图仿真计算平台部署模式

（a）单机部署模式；（b）多机并行计算部署模式；（c）面向仿真服务的分布式计算部署模式

行全方位的噪声地图数据管理。其主要是通过本地数据文件读取来进行噪声地图仿真的初始化，生成的仿真结果数据存放在本地文件系统，不便于进行数据交换、数据更新和数据共享，整个计算过程也是在本地，利用本机的处理器核心完成。

（2）多机并行计算部署模式。多机并行计算模式是指在局域网内，以数据库为核心对所有计算原始数据、计算任务数据和计算结果数据进行管理。仿真平台的副本部署在局域网内不同的计算节点上。一个计算任务提交给数据库，在被分解为若干子任务以后分发到各个计算节点进行分别计算。最后各子任务计算结果依次被提交到数据库进行汇总。在该部署模式下，各个计算节点中只需要部署拥有命令行管理工具的仿真计算内核即可参与计算，无需部署完整的基于 GUI 的计算管理工具。只有需要对计算任务进行可视化编辑或查看计算结果的情况下，才需要在某个节点上使用基于 GUI 框架的管理工具。在多机并行计算部署模式下，每个节点处于对等的地位，没有主次之分，均可成为计算任务的提交者和完成者。多机并行计算可以整合计算资源，对大型计算任务进行求解。

（3）面向仿真服务的分布式计算部署模式。该模式是一种松耦合分布式计算部署模式。在该模式中，需要利用服务封装技术将仿真计算内核封装成网络服务，对外暴露服务接口，提供仿真计算能力。仿真计算服务将被部署在服务空间中，并向服务注册中心提交服务代理。一个噪声地图仿真计算任务被提交后，各个子任务将通过调用不同的仿真计算服务来完成。最后，汇总所有计算结果完成数据综合。此种模式最大的好处是能够极大地提高系统的灵活性，充分利用计算资源。整个计算过程的调度由服务管理中间件来进行管理。此模式针对仿真任务的失效、异常都有较为灵活的应对机制，还可以针对不同节点计算能力的差异，合理地分配计算任务。作为计算任务的提交者，无需考虑复杂的网络拓扑结构，即可获得极大的计算能力支持。

7.1.3　模型及数据兼容性

由于噪声地图计算过程中所需要的数据源类型和预测模型种类众多，因此在架构设计阶段应该充分考虑对多源数据的支持以及对不同预测模型管理和切换的支持。该项工作应该在计算平台前处理功能中实现。

进行交通噪声地图仿真计算之前需要收集各方面信息，主要包括交通噪声源信息、噪声传播环境地理信息等，这些信息是噪声地图绘制的基本依据。除此之外，用户还要根据实际需求确定采用何种噪声预测模型、预测多大的区域范围以及采用怎样的预测精度等仿真计算初始条件。因此对于噪声地图的仿真求解前处理来讲，主要包括两方面技术，一类是噪声环境信息的读取与转换，另一类是仿真模型建模与选择。

城市交通噪声仿真的难点是如何结合城市复杂的地理环境进行传播预测，准确而详尽的地理信息对预测的准确性至关重要。目前，GIS 技术广泛应用于城市环境管理中，一般的大中型城市基于 GIS 技术都积累了大量而详尽的地理信息数据。这些数据里主要包括城市地形信息、城市建筑物信息、城市交通线路信息（公路、铁路、地铁等）、特殊地形信息（如大片绿地、湖泊、河流等）。这些信息都会影响交通噪声的传播过程。GIS 的数据结构一般包括两个部分，即描述几何形状的空间数据和描述图元特征的属性数据。如对于道路信息来讲，空间数据描述了道路的高度、走向、宽度等信息，而属性数据则描述了道路的名称、车流量、车速等信息。这类空间数据和属性数据都需要在仿真求解前处理阶段进行读取和识别。另外，还有一些诸如大气环境、气候环境等对声传播有影响的信息也需要被纳入到仿真求解过程中。

如图 7-3 所示，在预处理阶段需要整合的数据包括历史统计数据、实时监测数据和 GIS 数据。其中，历史统计数据和 GIS 数据一般以数据库或结构化数据文件的方式存在。实时监测数据来源于各个监测站和监测设备，以数据流的方式实

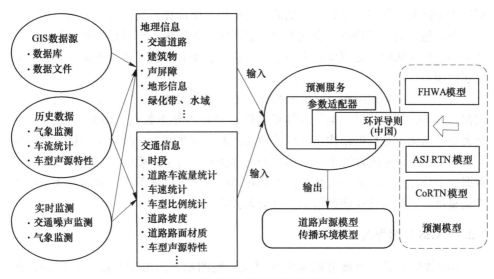

图 7-3 数据源切换及预测模型切换

时或半实时的方式进行传输。一般而言，历史数据用于大规模区域的噪声地图预测，作为噪声地图底图，而实时数据用于噪声地图局部的动态快速更新。在噪声预测模型中，需要对这两类数据进行分别处理。各类数据汇总后，需要转换成噪声预测模型所需的数据结构，并且通过参数适配器，使之能够适配于不同的噪声预测模型，最终生成两类模型对象，即道路声源模型和传播环境模型。传播环境模型主要包括噪声在传播过程影响噪声衰减的各类数据，如地形、建筑和声屏障等。

对于预测模型切换来说，成熟的噪声地图计算平台应该兼容不同种类的预测模型。这样做的目的是便于后续科研和实践工作中产生的数据具有跨模型可比性。如通过不同的预测模型对同一批原始数据进行求解计算，再通过实际检测数据对计算结果的可信度进行评估，以决定模型适用性。

7.2 声学对象建模

声学对象主要指在噪声地图仿真计算中所需的各类声源对象、传播路径对象、求解目标对象以及参考对象。声源对象如交通噪声求解中的公路、铁路等。传播路径对象指影响声线传播的建筑物、声屏障、地形起伏等。求解目标对象包括求解范围边界、建筑物立面等。参考对象主要包括不参与计算，但是在计算结果展示过程中能起到提升可视化效果的对象。

噪声地图计算平台需要具备完备的自主建模能力，即用户应该能对各类的声学对象进行外形建模和属性设置。但是对于大规模噪声计算而言，其声学对象数据量十分巨大。例如一个城市级别的交通噪声地图计算，其中包含的道路可能有几百条，包含的建筑物可能有几万个。这样庞大的建模工作量是很难通过人机交互手动建模完成的。这就要求噪声地图计算平台要有比较完备的数据汇入及自动化建模能力。

对于交通噪声地图而言，汇入数据主要包括两大类别，一类是地理信息系统数据，即 GIS 数据，另一类是计算机辅助设计软件导出数据，即 CAD 数据。这两大类数据无论是数据结构还是设计理念，差别都非常大。两种不同格式数据的汇入，对于噪声地图计算平台是不小的技术挑战。由于一般的复杂声环境对应的数据量十分巨大，因此一旦数据汇入和转换的自动化程度不高，就需要大量的手工调整操作，那么该功能的可用性就会大大降低。

7.2.1 GIS 数据导入

GIS 数据主要用于城市范围大规模噪声地图求解，由专业测绘部门进行制作，其成本较为高昂。GIS 数据一般以图层的方式组织，不同的图层存放不同的对象类别。一般城市级别的 GIS 数据主要是附带了高度信息的二维数据，所有的建筑物和道路的几何信息只有轮廓外形，其高度信息是以属性的方式存储的。

GIS 中的二维几何对象定义比较简单，最基础的对象包括点、多段线、多边形三大类，如图 7-4 所示，其余更复杂的几何图元一般都是以这三类图元为基础。在噪声地图计算平台中，一般也将不同的声学对象以图层的方式进行组织，这就使得 GIS 图层和声学图层之间会产生映射关系。GIS 数据汇入的核心能力就是将 GIS 图层中的数据自动转换为声学对象图层中的对象，这种转换主要包括几何外形转换和属性转换两类内容。

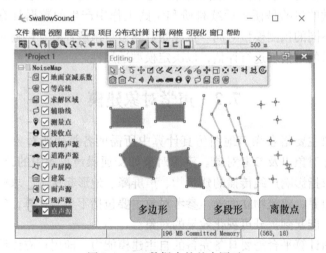

图 7-4 GIS 数据中的基本图元

几何外形转换是提取 GIS 数据中的多边形、多段线和点等对象的几何信息，转换为声学对象的几何信息，一般来说，道路声源、铁路声源等均看成线声源，用多段线对象表示，而建筑物、声屏障等一般认为是多边形对象，点声源和预测点等信息一般认为是点对象。

属性转换是将 GIS 对象中的地理信息属性转换成噪声地图计算所需的声学属性，如图 7-5 所示。一般 GIS 数据导入模块在属性转换方面需要提供两个核心功能，一个是属性名映射功能，另一个是属性计算功能。

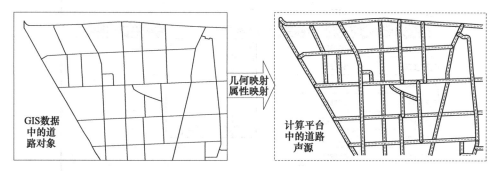

图 7-5　GIS 数据汇入中的声学对象转换

属性名映射功能是将 GIS 图层中的属性名映射为声学图层中的属性名，例如在 GIS 图层中，建筑物高度属性用"HA"表示，而计算程序中的标准声学图层建筑物高度用"HEIGHT"表示，那么在数据汇入的时候需要有一种自动化映射机制将二者批量动态转换。图 7-6 给出了自研的噪声地图计算软件中的属性映射工具范例。

属性计算功能也非常重要，例如在交通道路声源中，GIS 数据中的属性包含了道路车流中不同车型数量信息，但是有时该属性是以车型比例的方式给出的，其值是一个百分比数字。而对应的道路声源声学图层属性值是按照不同车型的绝对数量数字给出的，这就导致这两种属性不能直接转换，而是需要通过一个表达式进行换算。这就要求平台在属性映射的同时应该支持属性表达式计算功能，使得这类批处理操作成为可能。

当 GIS 数据导入并转换为声学对象以后，平台还应提供基本声学对象的编辑功能，如新建、删除、旋转、平移、缩放、增减节点以及属性编辑等功能，如图 7-7 所示。这样可以为系统提供声学模型建模的充分灵活性。

7.2.2　CAD 数据导入

城市交通噪声地图计算由于规模较大，其原始数据一般会采用 GIS 数据。而很多面向工业噪声源的环境噪声仿真任务，例如电力系统中的换流站、变电站周边的噪声场仿真计算，由于缺乏足够精确的 GIS 数据，因此往往使用站区 CAD

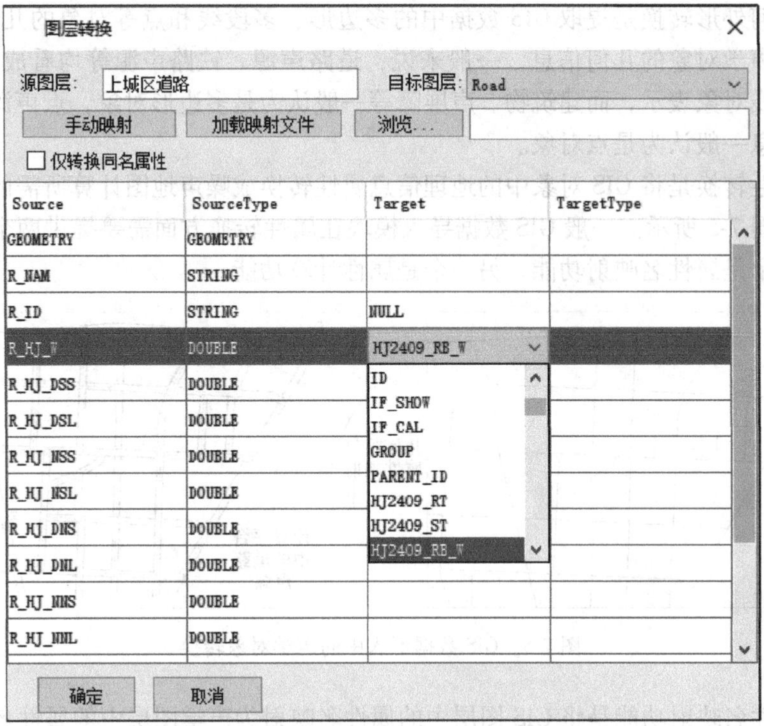

图层转换

源图层：	上城区道路		目标图层：	Road

手动映射　　加载映射文件　　浏览...

☐ 仅转换同名属性

Source	SourceType	Target	TargetType
GEOMETRY	GEOMETRY		
R_NAM	STRING		
R_ID	STRING	NULL	
R_HJ_W	DOUBLE	HJ2409_RB_W	
R_HJ_DSS	DOUBLE	ID	
R_HJ_DSL	DOUBLE	IF_SHOW	
R_HJ_NSS	DOUBLE	IF_CAL	
R_HJ_NSL	DOUBLE	GROUP	
R_HJ_DNS	DOUBLE	PARENT_ID	
R_HJ_DNL	DOUBLE	HJ2409_RT	
R_HJ_NNS	DOUBLE	HJ2409_ST	
R_HJ_NNL	DOUBLE	HJ2409_RB_W	

确定　　取消

图 7-6　GIS 数据汇入中的属性映射工具

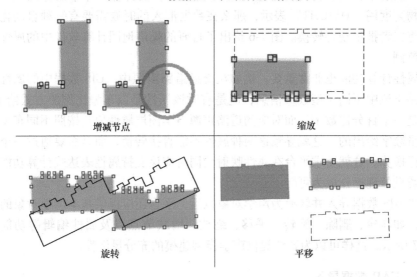

增减节点　　　　　　　　　缩放

旋转　　　　　　　　　平移

图 7-7　GIS 图元编辑功能

设计数据作为数据源。另外还有一种情况，即在工业场所的设计规划阶段，期望使用噪声地图计算技术来预测未来设施建成后对周围声环境的影响。这类任务需求出现的时候相关的工业设施还未建成，只有设计数据而没有 GIS 数据，因此只能通过汇入 CAD 数据的形式进行处理。

CAD 是计算机辅助设计的缩写，并不单指某一款软件或者某一种格式。但由于 Autodesk 公司旗下的 AutoCAD 软件的全球市场占有率非常高，因此其开放格式 dxf 和私有格式 dwg 已经成为了 CAD 领域最通行的标准，包括国产 CAD 在内的各厂商 CAD 软件均对这两种格式支持较好，无论是城市规划还是工业设施设计，其设计结果一般可以导出为 dxf 等 CAD 标准格式。因此，噪声地图计算平台的数据汇入支持 CAD 软件的基本输出格式是十分必要的。

相较于 GIS 数据，CAD 数据的汇入要难的多，目前无论是商业噪声地图计算软件还是各科研单位自主研发的噪声地图平台，对 CAD 数据的支持都或多或少的存在数据兼容性和自动化程度低等问题。究其原因，主要还是 CAD 的建模场景比 GIS 的建模场景要自由得多，规范性和约束性也要差很多。CAD 属于通用设计软件，因此必须具有充分的自由度才能满足各行各业设计的需要。特别是二维CAD 软件，其最初的设计理念就是替代人类手工在绘图版上的绘图，实现计算机绘图。因此可以说人手的自由度有多大，二维 CAD 软件的自由度就有多大。二维 CAD 图纸往往是最终设计结果的载体，而并未考虑后续的进一步数字化处理。通俗的说，二维 CAD 的绘制结果是给人看的，而不是给计算机看的。这就导致一旦由软件工具需要使用二维 CAD 数据作为输入的时候，都会面临大量难以解决的问题，包括图线不规范、图层不规范、标注不规范等。

图 7-8 给出了集中 CAD 数据导入时常见的问题，主要包括不确定性图元、线段冗余、图元缝隙等。不确定图元是由于同样的声学对象在 CAD 文件中使用的图元类型和图层组织没有统一定义造成的，例如一个矩形声屏障，在 CAD 中既可以用多边形对象表示，也可以用四个线段对象拼成。对于 CAD 出图而言，二者并没有区别，但是这些数据一旦要导入噪声地图软件并转化成声学模型时，就会导致不确定性。另外还有 CAD 重复冗余线段或线段不闭合等问题，在批量自动化导入时不易识别，目前还只能靠手工方法删除或补全。目前来看，如果在CAD 数据构建时没有统一工具对建模规范进行约束，那么很难保证其结果数据能够自动化批量汇入到噪声地图计算平台中。

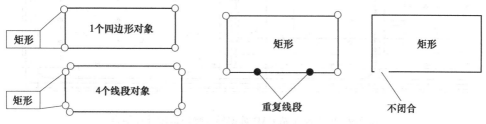

图 7-8　CAD 数据导入常见问题

　　一般来讲，CAD 数据汇入以后依然要将不同类别的数据转换为声学对象标准数据，这个转换过程的灵活性决定了 CAD 数据汇入功能本身的可用性。目前来看，对于绝大部分数据不经过编辑，而是简单通过数据映射的方式进行自动化导入转换还很难实现。这就要求噪声地图计算平台本身具有基本的 CAD 数据编辑能力，便于转换过程手工干预。图 7-9 给出了某电力换流站数据导入自研噪声地图计算平台的实例。CAD 图元导入后依然需要在噪声地图平台中进行一系列人机交互，才能转换成基本声学对象。图 7-10 所示为 CAD 数据中的围墙信息附加了属性中的高度信息后，自动生成为声学对象中的声屏障信息。

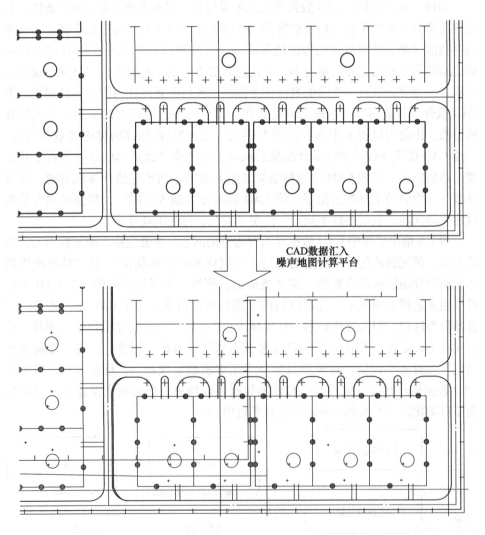

图 7-9　电力换流站 CAD 数据导入噪声地图计算平台

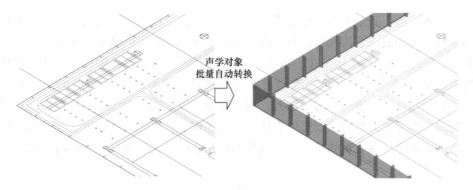

图 7-10 CAD 数据转换为声学对象模型

7.2.3 声学对象三维参数化建模

噪声地图平台中的声学对象是否需要精细的三维模型主要和噪声场仿真的规模、用途和精度要求有关。一般对于大范围的交通噪声地图来说，如果只是需要二维平面的声场预测结果，则不需要建立建筑物、声屏障等较为精细的三维模型。但有时我们需要建立三维噪声地图，特别是要计算建筑物立面上的声场分布结果时，就需要建立建筑物复杂的三维模型并可视化出来。一个噪声地图项目中，需要进行三维建模的对象数量十分巨大，利用手工人机交互的三维 CAD 模型建模方式很难实现，因此一般采用参数化批量建模的方法实现。

声学对象的参数化建模共有三种模式，分别是基于拉伸的参数化建模、基于体元的参数化建模和脚本驱动的参数化建模，如图 7-11 所示。其中基于拉伸的参数化建模方法最为简单，而脚本驱动的方法最为复杂。

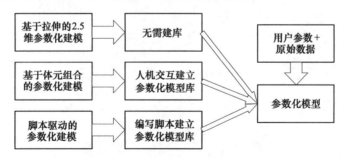

图 7-11 声学对象参数化建模的三种方式

7.2.3.1 基于拉伸的参数化建模

噪声地图平台中，参数化建模最基本也是最简单的方法就是基于高度信息的拉伸建模。这种方法是将附带了高度信息的二维声学对象批量转换成三维声学对象的基本方法。其基本的原理是将二维平面中的点、线、面采用实体造型技术中的拉伸方法形成线、面和体。目前噪声地图计算之前汇入的数据，无论是 GIS 还是 CAD 格式，一般都是包含了高度属性的二维数据，一般称这种数据为 2.5 维数据。图 7-12 给出了一个建筑物对象拉伸参数化建模的实例。由图可以看出，汇入数据完全是二维的多边形图元，通过读取不同多边形图元的高度属性获取建筑物对应的高度，然后采用拉伸方法进行实体构建，可以迅速地批量构建出不同高度的参数化三维建筑物模型。这些模型可用于后续建筑物立面噪声场的求解。

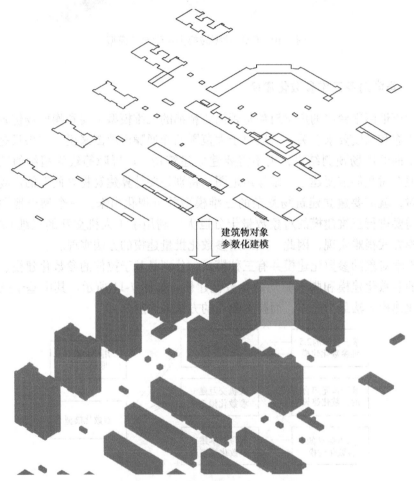

图 7-12　基于拉伸方法的建筑物参数化建模

7.2.3.2　基于体元组合的参数化建模

　　虽然基于拉伸的参数化建模可以解决大部分噪声地图计算及可视化问题，但有些应用场景对可视化的要求更高，会需要更为精确的实体模型。例如工业噪声仿真中的电力换流站或者变电站中的各类声源，均需要进行更为精确的三维空间实体建模，才能够有效地使用声源等效的方法将其声源位置进行精确几何定位。另外，更精确的实体建模可以提升整个声环境仿真的真实程度，提升使用者的沉浸感受。

噪声地图计算软件中，如果需要更复杂的参数化模型，那么则需要一个有效的参数化模型库进行支持。参数化模型库的概念目前实际上已经广泛地应用于各个专业的快速设计商业软件中。与通用 CAD 软件不同，参数化模型库是具有专业属性的，例如石油石化行业、建筑行业中的每个专业都有自己固定的参数化模型建模机制。就噪声地图计算来讲，目前还没有成熟的参数化建模机制应用到商业软件中，这也是目前噪声地图计算仿真软件需要完善的一个要点。

参数化建模的核心思想是利用少量的参数和几何约束逻辑来构建复杂可变的三维实体模型。其中，几何参数是可以由用户输入的，根据这些参数构建的几何约束逻辑则是参数化模型库的核心实现内容。参数化建模和约束逻辑的实现主要有两种方式，一种是基本体元堆积法，另一种是建模脚本法。

基本体元法如图 7-13 所示，系统定义了一些基本体元，基本体元的数目和类别根据系统的不同可能不尽相同。一般来说，基本体元的数目越多、形状越复杂，可构造的参数化模型的外观就可能越逼真。用户在参数化模型库建库的时候使用基本体元以类似"搭积木"的方式组合搭建参数化模型。

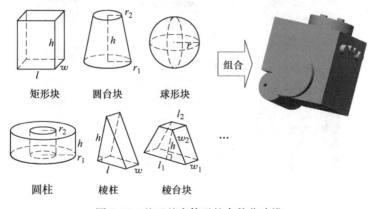

图 7-13 基于基本体元的参数化建模

基本体元法的优点是建库过程比较简单。噪声地图计算平台可以提供一套人机交互的参数化建模入库机制。用户可以通过交互操作进行基本体元组合和参数定义设置。基本体元的摆放方式由用户交互确定。基本体元法最重要的缺陷是参数化灵活性和造型能力都比较弱，只适合搭建形状固定且比较简单的参数化模型。

7.2.3.3　基于脚本驱动的参数化建模

为了解决基本体元法的缺点，更先进的参数化建模系统往往还支持脚本驱动的建模方式，可利用脚本撰写更复杂的参数化建模逻辑，同时还可以利用实体造型中常用的各种建模特征，如拉伸、旋转、扫掠、抽壳、阵列、镜像、倒角、布尔运算等。

建模脚本的基本语法可由噪声地图计算平台自行定义，也可使用现有的脚本语言。一般推荐使用成熟的脚本语言作为参数化建模定义语言，如 Python 或 JavaScript 等。当然，类似 C++、Java、C#等高级语言也可作为建模脚本语言，但是由于这些语言往往需要通过编译来形成可运行的二进制代码，其建库步骤相对比较烦琐，灵活性不高，因此不推荐采用。当然，如 C++这类语言在执行效率方面还是占据一定优势的。

电容器塔是换流站环境噪声场仿真计算中的一类主要噪声源，其参数化建模过程如图 7-14 所示。该参数化建模使用了 Python 脚本驱动的参数化模型，用户仅需输入基本几何参数以及电容器塔的层数等信息，就可以自动生成电容器塔的复杂三维模型。在脚本中，通过阵列命令可以较为便捷地生成该参数化模型中的多层立方体结构。

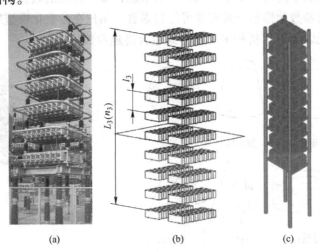

(a)　　　　　　　　　　(b)　　　　　　　　　　(c)

图 7-14　电容器塔参数化建模

(a) 实物；(b) 示意图；(c) 参数化模型

通过对特定专业的声学对象参数化模型库的构建，计算平台的使用者可以通过定位坐标和建模参数快速建立复杂三维声环境中的实体模型。图 7-15 和图 7-16 所示为通过建立电力专业参数化模型库，搭建了一个换流站的声学对象参数化建模实例。其中，只需要从图 7-15 给出的平面布置中获取各个声学对象的布局位置和主要几何属性，即可通过调用参数化模型库中的参数化模型，自动建立图 7-16 所示的声学对象三维模型。

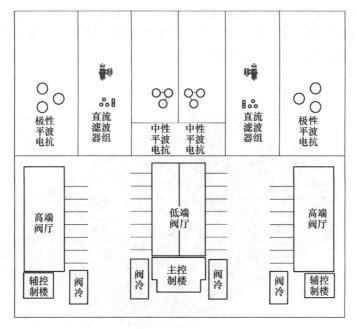

图 7-15　某换流站平面布置图（局部）

图 7-16　换流站声学对象参数化建模实例

7.2.4　声源等效

声源等效的根本问题是将不同类别的声源按照特定的方法等价表示成若干处于不同空间位置点声源的集合。关于交通噪声的声源等效问题，前文已有比较详细的介绍，此处主要介绍工业声源等标准化程度比较低的声源对象的声源等效平台化策略。对于一个成熟的噪声地图计算平台而言，在内置主要声源等效规则的同时应该提供充分的扩展性来保证用户可以自己实现等效算法。图 7-17 所示为电力变压器的声源等效过程。电力变压器是换流站主要声源。图 7-18 给出了换流站其他主要声源的声源等效策略。

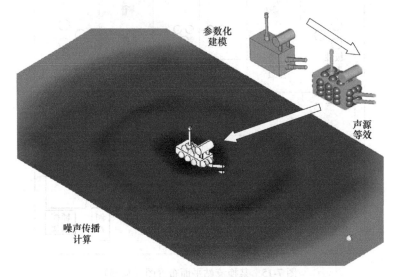

图 7-17　电力变压器声源等效

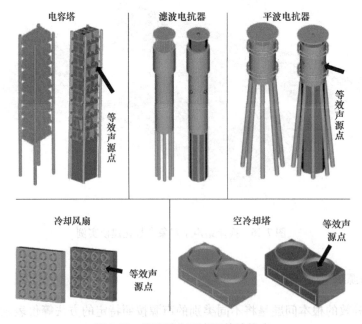

图 7-18　换流站主要声源等效策略

7.2.5　地形数据导入

平原地区的城市有时在噪声地图绘制过程中会忽略掉地形数据，但对于地势起伏较大的地区则不能忽视。地形起伏会对道路、建筑等声学对象的高程信息产生影响，同时也会对声线传播产生影响。例如，城市公园中的高地能够起到声屏障的作用。地形数据的导入也是噪声地图计算平台需要支持的功能。

地形数据一般以两种方式存在，一种是数字高程数据（见图 7-19），另一种是等高线数据。数字高程数据通过离散点测量而来，其存在方式一般为附带高度信息的离散点集合。等高线数据一般是由数字高程数据通过等值线生成算法计算得来的，属于间接数据。噪声地图计算平台需要对这两种数据都加以支持，以便应对多变的数据供给格式。

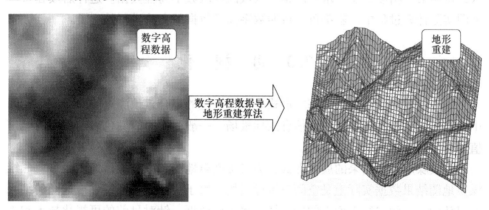

图 7-19　数字高程数据导入及地形重建

无论是数字高程数据还是等高线数据，在实际使用过程中，都需要利用插值算法，以便获取控件中任意一点高程值，如图 7-20 所示。其中基于离散数字高程数据的插值算法相对简单，任意一点的数据只需要根据最邻近的 4 个点高程数

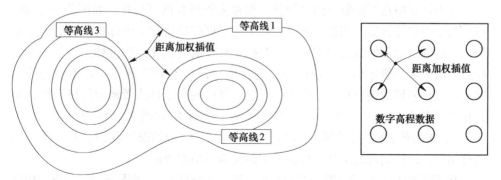

图 7-20　任意点数字高程插值计算

据按距离加权插值而来即可，距离越近的点权重越大。另外选取邻近点的数量也可大于 4，例如选择最邻近的 9 个点、16 个点均可以。而针对等高线的插值算法会稍微复杂，这是因为等高线的排列形式更为多样，需要额外增加两个关键计算步骤。首先需要根据所求点寻找最邻近的若干条等高线进行插值计算，这就要求对点和等高线之间的最短距离进行求解。第二是需要判断所求点和目标等高线之间是否有其他等高线，这就要求进行直线和等高线之间相交判断。这两个计算步骤是比较耗时的，一旦等高线数量较多，其筛选迭代计算量会十分巨大，会进一步影响噪声地图计算的总耗时。

　　基于上述原因，一般建议采用数字高程数据作为地形数据的原始输入。如果原始数据只有等高线数据的话，那么可实现通过插值方法，以等高线数据为输入，按照某一精度，还原求解出整个区域的离散数字高程数据。这样后续在噪声地图实际计算过程中，就都可以按照数字高程数据的方法进行处理了。

7.3　可　视　化

　　噪声地图的计算结果的基本形式是预测点值的集合，预测点的噪声值在空间中分布的结果属于附带了时间信息的标量场。一般用不同的颜色表示不同的噪声值便于进行可视化和可视分析。

　　一般噪声地图结果的展示形式分为二维噪声地图和三维噪声地图两种。三维噪声地图结果数据实际上是空间三维标量场，属于体数据。二维噪声地图的结果可以认为是空间二维平面上的标量场，属于面数据。针对目前的可视化技术和人类的视觉习惯来说，现有可视化算法还无法很好地处理和感知体数据的全部信息，一般利用切片显示或者等值面显示的方式将体数据转换为面数据来进行可视化。对于二维噪声地图来讲其计算有一定精度限制，例如大规模城市噪声地图每个计算格点的尺寸为边长 5m 或 10m。过高的精度会导致计算时间消耗过大。

　　基于计算格点原始数据的可视化一般称为栅格数据可视化，如图 7-21 所示。每个栅格根据计算值，用指定颜色显示。为了更好地认知噪声分布变化的宏观趋势，一般还使用等值线方法来对栅格数据进行二次可视化。在这种方法下，等值线之间的区域一般也会用对应颜色进行填充，如图 7-21 所示。等值线的计算属于可视化领域的经典算法，常见的科学计算可视化工具或者地理信息系统空间计算工具都会提供。另外对于三维噪声地图的原始数据可以使用以 Marching Cubes 方法为代表的三维等值面提取算法。当然，一般情况下我们会将三维数据进行切片，这样问题就会从等值面求解转化为等值线求解。

　　在可视化过程中，我们需要较高精度的噪声场分布展示，而原始计算数据的精度可能并未达到所需精度。这时可以采用插值方法对数据精度进行扩增。图 7-22 给出

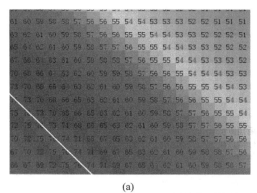 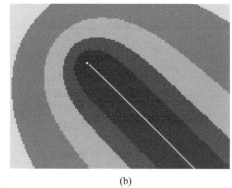

(a) (b)

图 7-21 噪声地图计算结果的栅格点显示及等值线显示
(a) 栅格点显示；(b) 等值线显示

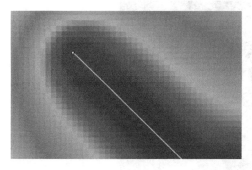 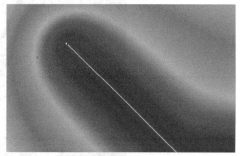

图 7-22 栅格点可视化的二次线性内插值方法

了利用二次线性内插值将原始的低精度栅格数据插值为高精度栅格数据的方法。在插值过程中，可以通过插值格点的数量来控制显示效果。如图 7-23 所示，将 1 个格点扩增为 4 个格点，每个扩增格点的插值结果有临近的 4 个原值预测值进行距离加权获得。当然为了提高显示精度，也可进一步扩增为 9 个、16 个等等。插值计算虽然简单，但是当格点过多时，也会消耗不少计算量。例如一个 $1km^2$ 的区域，原始格点尺寸为 5m，则原始格点数为 4 万个，如果格点的边长缩减为 1m，则会产生 100 万个插值格点。以北京为例，其面积约为 $16000km^2$，这意味着最终的插值格点数会达到 160 亿个，这对可视化计算效率来说显然是个巨大的负担。因此，在噪声地图计算实践中，需要很好地平衡各个计算环节的精度与效率的关系。

图 7-24 给出了一个三维噪声地图的建筑物立面可视化的实例。对于大范围噪声地图，完全求解出空间三维体数据中的噪声值分布其计算量过于庞大了，因此一般只对重点关注区域进行切片求解或者立面求解。其中，与居民相关的住宅区域建筑物立面求解往往是关注的重点。对于每个立面，也可以使用栅格显示、等值线显示、插值显示等不同的显示方法。

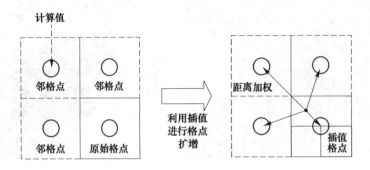

图 7-23　基于插值方法的格点扩增

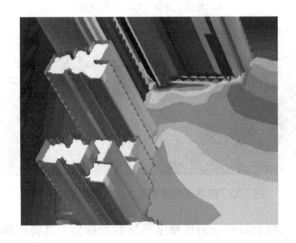

图 7-24　三维噪声地图的建筑物立面可视化

7.4　平台扩展性

　　一个软件平台的可扩展性是其迈向商品化和成熟化的重要标志，也是其通用性和可用性的重要体现。目前主流商用噪声地图计算软件的扩展性均有较为明显的缺陷，相对于计算机辅助工程（CAE）等其他类别的仿真计算软件，有很大差距。噪声地图计算软件是典型的跨学科软件工具，无论是软件体系结构，还是软件的图形用户接口，均应对后续的可扩展性有比较全面的考量。

　　噪声地图计算平台的可扩展性主要体现在下述几个方面：

　　（1）数据可扩展。数据可扩展是指噪声地图汇入数据的类型和格式能通过二次开发等操作进行扩展和定制。数据是噪声地图计算的核心，数据的汇入和导出往往需要与各类软件平台进行集成，以有效提升自动化程度。良好的数据扩展性是平台集成的保障。

（2）模型可扩展。噪声地图预测模型处于不断的发展、变化和完善过程中，计算平台如果具备用户自定义模型的能力，那么可以大大拓宽平台使用范围。工程技术人员可以将该平台作为计算软件来实施噪声地图项目。科研人员可以通过定制开发以完善现有模型，或是定制新模型。换句话说，模型可扩展可以让噪声地图计算平台兼具应用平台和科研平台的两种属性。

（3）算法可扩展。噪声地图计算中包含了大量算法，例如在数据导入过程中的预处理算法和空间分析算法；噪声传播路径求解中的计算几何算法；可视化中的等值线提取和插值算法等。算法层面的可扩展的目的在于平台为高级用户提供完善、先进的数据结构，而用户在此基础上可以开发验证性能更好、效率更高的算法，不断完善噪声地图平台的可用性。

（4）图形用户接口可扩展。图形用户接口一般指软件界面以及界面交互模式。高级技术人员可通过二次开发技术，合理调用系统核心资源，对图形用户接口的外观和行为进行定制。图 7-25 给出了从软件界面的可扩展性结构。用户可以通过平台提供的应用程序接口进行菜单栏、工具条、状态栏、属性框的扩展开发。同时用户还可以在界面中的不同区域添加复杂图形界面标签页。除此之外，平台可开放的资源还包括进程与线程管理、对话框扩展、系统启动与结束行为扩展、系统配置扩展、外观皮肤扩展等内容。

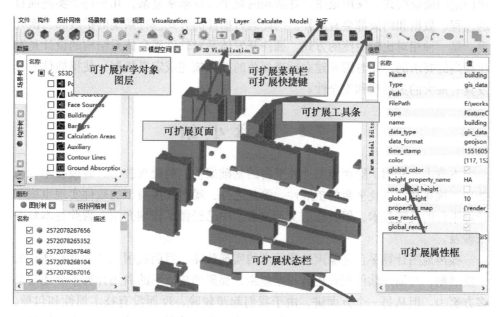

图 7-25 图形用户接口的可扩展性

（5）应用程序接口。可扩展的噪声地图计算平台需要提供完善的应用程序接口，即 API。API 的主要功能是向二次开发用户暴露系统的能力和资源，例如系统内部数据结构及其调用方式、系统界面元素和界面行为的访问调用方式、系统核心算法的统一扩展接口等。API 实际上是用户应用程序与系统核心应用程序的桥梁，是二次开发的基础，也是噪声地图计算平台与其他软件平台深度集成的最可靠桥接方式。噪声地图计算软件应该保证 API 的稳定性和兼容性。一般商业化软件的版本迭代都比较快。随着版本迭代，部分界面元素和核心功能都会发生变化。但一个可扩展的软件平台中的 API 结构要保证充分的稳定，这是保证二次开发兼容性的核心要素。要想保证 API 的稳定性不随着版本迭代而改变，除了 API 的体系结构要有前瞻性、完备性和可靠性以外，软件新功能研发过程中也应尽量使用已有 API。平台 API 可以不断扩展，但是尽量应保证向上的兼容性。

（6）命令脚本支持。噪声地图计算平台的核心功能和 API 支持命令行调用，并且支持脚本驱动的批处理，可大大提升平台对各种噪声地图计算项目的适应性，降低手工重复操作，提升实施过程的自动化程度。

（7）插件体系。插件体系是一种软件平台的扩展模式，广泛应用于各类科学计算软件中。插件可以认为是针对目标平台能做到即插即用的可配置、可管理扩展软件。很多软件平台甚至可以围绕插件式的体系结构建立完善插件市场，形成特定的商业模式。噪声地图计算活动的整个过程非常复杂，几乎每个实施项目的过程、数据和约束都会有差异。因此通过插件的方式进行系统的扩展和二次开发，是一种相对比较便捷的方式。插件开发体系对软件平台体系结构的设计是有比较高的要求的，同时需要建立标准规范的插件描述或定义机制，使得插件的开发具有最大的灵活度和安全性。

7.5　本　章　小　结

本章主要介绍了噪声地图计算平台的基础架构、前处理技术、建模技术、后处理可视化技术以及平台的扩展性。除此之外，噪声传播模型的软件实现也属于计算平台的关键技术，但其在前文相关章节中已经做了详细介绍，因此在本章并未涉及。

噪声地图计算平台是噪声地图技术的实现载体。目前我国工业软件整体还处于发展期，与国外软件相比还有一定差距，要想形成成熟的商用计算平台还需要多方努力。但从另一个方面讲，由于我们起步较晚，反而没有技术惯性和包袱，具有一定的后发优势。先进的软件体系架构、先进的科学计算技术、人工智能和云计算等先进技术模式都可以借鉴或采纳。近年我国城市化进程不断加快，对于噪声地图计算的需求会不断增加，实际的需求和数据积累会越来越丰富，这些都是平台发展和完善的重要给养。可以预见，不久的将来，随着人民生活水平的日益提高，人们对声环境的要求也会越来越严苛。噪声地图计算技术将会在城市声环境规划和评价中占据更重要的地位。

参 考 文 献

[1] HJ 2.4—2009,环境影响评价技术导则声环境 [S].

[2] 蔡铭,邹竞芳,李锋,等. 城市环境噪声模拟与评估系统——"中大声图"的研究与应用 [J]. 中山大学学报（自然科学版）,2012,51（1）:39~44.

[3] 陈坚强,张益荣. 基于 Richardson 插值法的 CFD 验证和确认方法的研究 [J]. 空气动力学学报,2012,30（2）:176~183.

[4] 陈曦,费奇,李炜. 基于 HLA 的智能交通仿真系统体系结构的探讨 [J]. 计算机仿真,2006,23（5）:227~230.

[5] 方丹群,张斌,翟国庆,等. 噪声控制工程学、环境声学、环境物理学学科体系和进展 [J]. 噪声与振动控制,2011,31（S1）:7~25.

[6] 黄宝香,韩勇,刘寿生,等. 多维动态噪声信息的可视化研究 [J]. 中国海洋大学学报,2011,41（1~2）:181~184.

[7] 蒋熙,杨肇夏. 城市交通综合仿真系统开放式仿真体系结构研究 [J]. 计算机仿真,2002,19（3）:50~53.

[8] 李本纲,陶澍,曹军,等. 城市道路交通噪声预测理论——统计模型 [J]. 环境科学,2000,21（6）:1~5.

[9] 李本纲,陶澍,林健枝. GIS 支持下的交通噪声预测与规划系统 [J]. 环境科学学报,2000,20（1）:81~85.

[10] 李本纲,陶澍. 道路交通噪声预测模型研究进展 [J]. 环境科学研究,2002,15（2）:56~59.

[11] 李锋,蔡铭. 基于改进声线跟踪法的室内交通噪声动态模拟 [J]. 应用声学,2016,35（6）:527~532.

[12] 彭健新. 时域有限差分法及其在室内声场模拟中的应用 [J]. 声学技术,2009,28（1）:53~57.

[13] 石垚,巨天珍,温飞,等. 基于 FHWA 的兰州市道路交通噪声预测模型的建立 [J]. 环境科学学报,2006,26（9）:1568~1575.

[14] 王海波,蔡铭,姚逸璠. 基于超算的城市区域交通噪声地图绘制 [J]. 声学技术,2017,36（5）:591~592.

[15] 王凌,李本纲,陶澍. 以摩托车为主的道路交通噪声预测模型 [J]. 中国环境科学,2004,24（6）:754~757.

[16] 王瑞利,温万治. 复杂工程建模和模拟的验证与确认 [J]. 计算机辅助工程,2014,23（4）:61~68.

[17] 王宇,蒋伟康. 针对声屏障的轨道交通的降噪研究 [J]. 计算机仿真,2006,23（10）:255~258.

[18] 吴硕贤,Kittinger E. 考虑声散射的街道交通噪声预报模型 [J]. 环境科学学报,1996,16（3）:364~371.

[19] 夏丹. 城市噪声地图系统研究及试验性应用 [J]. 噪声与振动控制,2011,31（4）:111~114.

［20］张邦俊，潘仲麟，胡伟．临街建筑群中交通噪声的计算机模拟［J］．环境科学学报，1993，13（4）：450~459.

［21］张斌，户文成，李孝宽．噪声地图开发及应用研究［J］．噪声与振动控制，2009，29（S1）：18~22.

［22］张鹤，谢旭，山下夫．桥梁交通振动辐射的低频噪声声场分布研究［J］．振动工程学报，2010，23（5）：514~522.

［23］张继萍，吴硕贤．人工神经网络在道路交通噪声预测中的应用［J］．环境科学学报，1998，18（5）：471~478.

［24］张立东，王英龙，贾磊，等．交通仿真研究现状分析［J］．计算机仿真，2006，23（6）：255~258.

［25］周舸，陈智勇．基于物联网的交通流量监测系统设计研究［J］．计算机仿真，2011，28（8）：367~371.

［26］周旻．广州内环路的交通噪声地图［J］．华南理工大学学报（自然科学版），2007，35（B10）：136~139.

［27］周旻．基于GIS的噪声地图研究［D］．广州：华南理工大学，2009.

［28］周鑫，卢力，胡笑浒．欧盟环境噪声预测模型CNOSSOS-EU之道路交通噪声源强预测模型简介［J］．环境影响评价，2014（6）：54~58.

［29］祝培生，蔡军，路晓东．结合城市规划噪声地图绘制与应用初探［J］．低温建筑技术，2013，35（10）：17~19.

［30］Alavidoost M H, Tarimoradi M, Zarandi M H F. Fuzzy adaptive genetic algorithm for multi-objective assembly line balancing problems［J］. Applied Soft Computing, 2015, 34: 655~677.

［31］Allen J, Berkley D. Image method for efficiently simulating small room acoustics［J］. The Journal of the Acoustical Society of America, 1979, 65（4）：943~950.

［32］Arana M, Martín R S, Nagore I, et al. What precision in the Digital Terrain Model is required for noise mapping?［J］. Appl Acoust, 2011, 72（8）：522~526.

［33］Asensio C, López J M, Pagán R, et al. GPS-based speed collection method for road traffic noise mapping［J］. Transportation Research Part D Transport & Environment, 2009, 14（5）：360~366.

［34］Asensio C, Recuero M, Ruiz M, et al. Self-adaptive grids for noise mapping refinement［J］. Appl Acoust, 2011, 72（8）：599~610.

［35］Banda E H V, Stapelfeldt H. Software implementation of the harmonoise/imagine method, the various sources of uncertainty［C］//Proceedings of INTER-NOISE 2007. Istanbul：28~31.

［36］Banda E H V, Hartmut Staplefeldt H. Software implementation of the harmonoise/imagine method, the various sources of uncertainty［C］//Proceedings of INTER-NOISE 2007, Istanbul, Turkey, 2007：28~31.

［37］Banda E H V, Staplefeldt H. Implementing prediction standards and calculation software-the various sources of uncertainty［C］//Proceedings of Forum Acousticum 2005, Budapest, Hungary, 2005：1275~1280.

［38］Bennett G, King E A, Curn J, et al. Environmental noise mapping using measurements in transit [C] //International Conference on Noise and Vibration Engineering 2010, Leuven, 2010: 1795~1810.

[39] Bhaskar A, Chung E, Kuwahara M. Development and Implementation of the Areawide Dynamic Road Traffic Noise (DRONE) Simulator [J]. Transportation Research Part D Transport & Environment, 2007, 12 (5): 371~378.

[40] Birnir G, Finn J, Mannvit J, et al. A Comparison of Two Engineering Models for Outdoor Sound Propagation: Harmonoise and Nord 2000 [J]. Acta Acustica United with Acustica, 2008, 94 (2): 282~289.

[41] Bostanci B. Accuracy assessment of noise mapping on the main street [J]. Arabian Journal of Geosciences, 2018, 11 (1): 4.

[42] Cai M, Zou J, Xie J, et al. Road traffic noise mapping in Guangzhou using GIS and GPS [J]. Appl Acoust, 2015, 87: 94~102.

[43] Cho D S, Jin H K, Manvell D. Noise mapping using measured noise and GPS data [J]. Appl Acoust, 2007, 68 (9): 1054~1061.

[44] D' Hondt E, Stevens M, An J. Participatory noise mapping works! An evaluation of participatory sensing as an alternative to standard techniques for environmental monitoring [J]. Pervasive & Mobile Computing, 2013, 9 (5): 681~694.

[45] Defrance J, Salomons E, Noordhoek I, et al. Outdoor Sound Propagation Reference Model Developed in the European Harmonoise Project [J]. Acta Acustica United with Acustica, 2007, 93 (2): 213~227.

[46] Deng Y, Cheng J C P, Anumba C. A framework for 3D traffic noise mapping using data from BIM and GIS integration [J]. Structure & Infrastructure Engineering, 2016, 12 (10): 1267~1280.

[47] Elsen E, Legresley P, Darve E. Large calculation of the flow over a hypersonic vehicle using a GPU [J]. Journal of Computational Physics, 2008, 227 (24): 10148~10161.

[48] Erwin H V B, Stapelfeldt H. Software implementation of the harmonoise/imagine method, The various sources of uncertainty [C] //Proceedings InterNoise07, Istanbul, Turkey, 2007: 83~89.

[49] European Union. Directive 2002/49/EC relating to the assessment and management of environmental noise [R]. Official Journal of the European Communities, 2002.

[50] Watts G, Engineering method for road and rail noise after validation and fine tuning [R]. Technical Report HAR32TR040922-DGMR20 Harmonoise Work Package 3, 2005.

[51] Huang B X, Han Y, Chen G, et al. An accurate model for noise barrier assessment using 3DGIS [J]. Journal of Computational Information Systems, 2011, 7 (3): 864~871.

[52] Huang B X, Han Y, Chen G, et al. The development of a comprehensive VRGIS based noise management system [J]. Journal of Computational Information Systems, 2010, 6 (11): 3787~3794.

[53] Hulusic V, Harvey C, Debattista K, et al. Acoustic rendering and auditory-visual cross-modal perception and interaction [J]. Computer Graphics forum, 2012, 31 (1): 102~131.

[54] ISO 9613-2 1996. Acoustics-attenuation of sound during propagation outdoors-Part 2: General method of calculation [S]. 1996.

[55] Jónsson G B, Jacobsen F, Mannvit J, et al. A Comparison of Two Engineering Models for Outdoor Sound Propagation: Harmonoise and Nord 2000 [J]. Acta Acustica, United with Acustica, 2008, 94 (2): 282~289.

[56] Kanjo E. Noise SPY: A Real-Time Mobile Phone Platform for Urban Noise Monitoring and Mapping [J]. Mobile Networks & Applications, 2010, 15 (4): 562~574.

[57] Kephalopoulos S, Paviotti M, Anfosso-Lédée F, et al. Advances in the development of common noise assessment methods in Europe: The(CNOSSOS-EU) framework for strategic environmental noise mapping [J]. Science of the Total Environment, 2014, 482~483 (1): 400~410.

[58] Kephalopoulos S, Paviotti M, Anfosso-Lédée F. Common Noise Assessment Methods in Europe (CNOSSOS-EU) EUR 25379 EN [S]. Publications Office of the European Union, Luxembourg, 2012.

[59] King E A, Murphy E. Strategic environmental noise mapping: Methodological issues concerning the implementation of the EU Environmental Noise Directive and their policy implications [J]. Environment International, 2010, 36 (3): 290~298.

[60] King E A, Rice H J. The development of a practical framework for strategic noise mapping [J]. Applied Acoustics, 2009, 70 (8): 1116~1127.

[61] King E A, Murphy E, Rice H J. Implementation of the EU environmental noise directive: Lessons from the first phase of strategic noise mapping and action planning in Ireland [J]. Journal of Environmental Management, 2011, 92 (3): 756~764.

[62] King E A, Rice H J. The development of a practical framework for strategic noise mapping [J]. Applied Acoustics, 2009, 70 (8): 1116~1127.

[63] Kluijver H D, Stoter J. Noise mapping and GIS: optimising quality and efficiency of noise effect studies [J]. Computers Environment & Urban Systems, 2000, 27 (1): 85~102.

[64] Krokstad A, Strom S, Sørsdal S. Calculating the acoustical room response by the use of a ray tracing technique [J]. Journal of Sound and Vibration, 1968, 8 (1): 118~125.

[65] Kumar R, Mukherjee A, Singh V P. Traffic noise mapping of Indian roads through smartphone user community participation [J]. Environmental Monitoring & Assessment, 2017, 189 (1): 17.

[66] Law C W, Lww C K, Lui A S W, et al. Advancement of three-dimensional noise mapping in Hong Kong [J]. Applied Acoustics, 2009, 70 (7): 534~543.

[67] Maisonneuve N, Stevens M, Niessen M E, et al. NoiseTube: Measuring and mapping noise pollution with mobile phones [J]. Environmental Science & Engineering, 2009, 2 (6): 215~228.

[68] Małgorzata S, Andrzej C. New approach to railway noise modeling employing Genetic Algorithms [J]. Applied Acoustics, 2011, 72 (8): 611~622.

[69] Manvell D, Ballarin Marcos L, Stapelfeldt H, et al. SADMAM-Combining measurements and calculations to map noise in Madrid [C] //Proceedings InterNoise04, Prague, Czech Republic, 2004: 1998~2005.

[70] Michalakes J, Vachharajani M. GPU acceleration of numerical weather prediction [J]. Parallel Processing Letters, 2008, 18 (4): 531~548.

[71] Ming Cai, Yifan Yao, Haibo Wang. A traffic-noise-map update method based on monitoring data [J]. Journal of the Acoustical Society of America, 2017, 141 (4): 2604~2610.

[72] Morley D W, Hoogh K D, Fecht D, et al. International scale implementation of the CNOSSOS-EU road traffic noise prediction model for epidemiological studies [J]. Environmental Pollution, 2015, 206: 332~341.

[73] Nega T, Smith C, Bethune J, et al. An analysis of landscape penetration by road infrastructure and traffic noise [J]. Computers Environment & Urban Systems, 2012, 36 (3): 245~256.

[74] Nota R, Barelds R, Maercke D V. HARMONOISE WP3 engineering method for road traffic and railway noise after validation and fine-tuning, HARMONOISE technical report no. HAR32TR-040922-DGMR20, 2005.

[75] Perera P, Páez J S S. El Sistema de Actualización Dinámica del Mapa Acústico de Madrid [C]. V Congreso Iberoamericano de Acústica FIA2006, Santiago de Chile, 2006, 1~6.

[76] Probst W. Noise Prediction based on Measurements [EB/OL]. Accessed on: Aug. 23th, 2012, www. datakustik. com/fileadmin/user_ upload/PDF/Papers/Paper_ MeasurementCalculation_ Probst_ DAGA 2010. pdf.

[77] Probst W. Noise Prediction based on Measurements [C] //Proceedings of Die 37. Jahrestagung für Akustik, Mar 2010, Berlin, 157~158.

[78] Reiter M, Kotus J, Czyzewski A. Optimizing localization of noise monitoring stations for the purpose of inverse engineering applications [C] //Acoustics' 08. Paris, 2008: 253~258.

[79] Sakamoto S, Seimiya T, Tachibana H. Visualization of sound reflection and diffraction using finite difference time domain method [J]. Acoust. Sci. & Tech. , 2002, 23 (1): 34~38.

[80] Sevillano X, Socoró J C, Alías F, et al. DYNAMAP-Development of low cost sensorsnetworks for real time noise mapping [J]. Noise Mapping, 2016, 3 (1): 172~189.

[81] Sobolewski M, SORCER: computing and metacomputing intergrid [C] //Proceedings of 10th International Conference on Enterprise Information Systems (ICEIS 2008), Barcelona, Spain: Springer-Verlag, 2008: 74~85.

[82] Socoró J C, Alías F, Alsina-Pagès R M. An Anomalous Noise Events Detector for Dynamic Road Traffic Noise Mapping in Real-Life Urban and Suburban Environments [J]. Sensors, 2017, 17 (10): 2323.

[83] Souza L C L D, Giunta M B. Urban indices as environmental noise indicators [J]. Computers Environment & Urban Systems, 2011, 35 (5): 421~430.

[84] Szwarc M, Czyzewski A. New approach to railway noise modeling employing Genetic Algorithms [J]. Appl Acoust, 2011, 72 (8): 611~622.

[85] Tsaia K T, Linb M D. Noise mapping in urban environments: a Taiwan study [J]. Applied Acoustics, 2009, 70 (7): 964~972.

[86] Wang B, Kang J. Effects of urban morphology on the traffic noise distribution through noise mapping: A comparative study between UK and China [J]. Applied Acoustics, 2011, 72 (8):

551~555.

[87] Yamamoto K. Road traffic noise prediction model "ASJ RTN-Model 2008": Report of the Research Committee on Road Traffic Noise [J]. Acoustical Science & Technology, 2010, 31 (1): 2~55.

[88] Zambon G, Benocci R, Brambilla G. Cluster categorization of urban roads to optimize their noise monitoring [J]. Environmental Monitoring & Assessment 2016, 188: 26.

[89] Zhou Z, Kang J, Zou Z, et al. Analysis of traffic noise distribution and influence factors in Chinese urban residential blocks [J]. Environment & Planning B, 2017, 44 (3): 570~587.